高等职业教育机电类专业系列教材

U0241972

数控铣削
编程 与 应用

主　编 ◎ 廖璘志　伍倪燕　刘学航
副主编 ◎ 代艳霞　丁　伟
参　编 ◎ 王洪益　严瑞强　岳　松　罗钧文

中国轻工业出版社

图书在版编目（CIP）数据

数控铣削编程与应用/廖璘志，伍倪燕，刘学航
主编 . —北京：中国轻工业出版社，2020. 11
高等职业教育机电类专业系列教材
ISBN 978-7-5184-3066-6

Ⅰ.①数…　Ⅱ.①廖…②伍…③刘…　Ⅲ.①数控
机床–铣床–程序设计–高等职业教育–教材　Ⅳ.①TG547

中国版本图书馆 CIP 数据核字（2020）第 117346 号

责任编辑：张文佳　　责任终审：张乃東　　封面设计：锋尚设计
版式设计：砚祥志远　　责任校对：燕　杰　　责任监印：张　可

出版发行：中国轻工业出版社（北京东长安街 6 号，邮编：100740）
印　　刷：河北鑫兆源印刷有限公司
经　　销：各地新华书店
版　　次：2020 年 11 月第 1 版第 1 次印刷
开　　本：787×1092　1/16　印张：11.25
字　　数：260 千字
书　　号：ISBN 978-7-5184-3066-6　定价：35.00 元
邮购电话：010-65241695
发行电话：010-85119835　传真：85113293
网　　址：http：//www.chlip.com.cn
Email：club@ chlip.com.cn
如发现图书残缺请与我社邮购联系调换
200200J2X101ZBW

前 言

本书根据教育部关于职业教育教学改革的意见，结合数控技术领域职业岗位群的需求，参照数控铣工岗位职业标准，依据宜宾市中等职业技术学校数控技术专业教学计划、宜宾职业技术学院数控技术专业人才培养方案，联合企业生产技术人员共同编写完成。

本书遵循学生职业能力培养的基本规律，以职业能力培养为重点，从实际生产加工内容中提取教学内容，引入真实产品和零件生产工艺，通过项目载体把数控铣床的操作、编程和工艺有机地结合起来。

本书改变了传统的数控编程教材以指令为主线的章节分配形式，以数控铣削加工中典型的零件为载体，采用项目化体例编写。本书内容共设置了九个项目。每个项目以FANUC数控系统为例提供了教学实例，每个项目的内容相对独立，同时项目后备有练习题。每个项目按学习目标→项目导读→相关知识→项目实施→项目评价→拓展练习展开内容，符合职业教育特征。

本书由宜宾市中职、高职学校教师合作完成，由宜宾职业技术学院廖璘志、伍倪燕、刘学航任主编。编写人员具体分工如下：宜宾职业技术学院廖璘志编写项目七、九，并统稿和审稿，宜宾职业技术学院刘学航编写项目八，宜宾职业技术学院伍倪燕和代艳霞编写项目五，宜宾职业技术学院王洪益编写项目二，宜宾职业技术学院严瑞强编写项目六，宜宾职业技术学院岳松编写项目三，宜宾职业技术学院罗钧文编写项目一，江安职业技术学校丁伟编写项目四。

本教材在编写过程中参阅了大量的相关文献资料，在此一并表示衷心感谢！由于编者水平有限，不足之处恳请读者指正并提出宝贵意见。

编　者

目　录

项目一 加工平面零件

 **学习目标**

1. 了解数控机床相关概念及发展历史
2. 掌握数控铣床、加工中心组成及分类
3. 了解数控铣床、加工中心的加工对象
4. 了解平面铣削的方式与特点
5. 掌握平面铣削用刀具与工件的装夹
6. 掌握数控程序结构及功能指令（程序识读）
7. 掌握数控铣床 FANUC 系统进给设定（G94、G95）、坐标系设置（G92、G54～G59）、平面选择（G17、G18、G19）、绝对值 G90、增量值 G91、快速定位 G00、直线插补 G01 等指令
8. 能正确分析零件图，确定装夹方案，拟定平面类零件加工工艺路线
9. 能正确选择刀具和合适的切削用量，编制铣削加工工艺文件，完成零件加工的编程
10. 使用宇龙仿真软件验证程序，并按图纸要求加工出平面零件
11. 能对加工后零件进行质量评价和分析

项目导读

如图 1-1 所示，材料为 45 钢，制定该平面零件数控铣削加工工艺，编制平面铣削加工程序并仿真，完成零件的数控铣削加工。

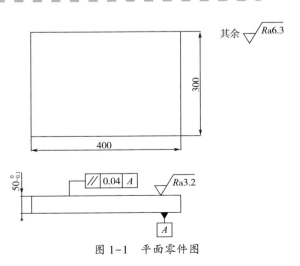

图 1-1 平面零件图

1

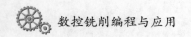

相关知识

一、数控机床的产生和发展

1. 数控技术与数控机床

数控（numerical control，NC）技术是近代发展起来的一种自动控制技术，是用数字化信号对机床运动及其加工过程进行控制的一种方法。采用数控技术实现数字控制的一整套装置和设备称为数控系统。

数控机床（numerical control machine tools）是用数字代码形式的信息（程序指令），控制刀具按给定的工作程序、运动速度和轨迹进行自动加工的机床。常见的数控机床有数控车床、数控铣床、数控加工中心等。

2. 数控机床的产生和发展

数控机床是在机械制造技术和控制技术的基础上发展起来的，其产生过程大致如下。

1948 年，美国帕森斯公司接受美国空军委托，研制直升机螺旋桨叶片轮廓检验用样板的加工设备。由于样板形状复杂多样，精度要求高，一般加工设备难以适应，于是提出采用数字脉冲控制机床的设想。

1949 年，该公司与美国麻省理工学院（MIT）开始共同研究，并于 1952 年试制成功第一台三坐标数控铣床，当时的数控装置采用电子管元件。

1959 年，数控装置采用了晶体管元件和印刷电路板，出现带自动换刀装置的数控机床，称为加工中心（machining center，MC），使数控装置进入了第二代。

1965 年，出现了第三代的集成电路数控装置，不仅体积小、功率消耗少，且可靠性提高，价格进一步下降，促进了数控机床品种和产量的发展。

20 世纪 60 年代末，先后出现了由一台计算机直接控制多台机床的直接数控系统（简称 DNC），又称群系统；以及采用小型计算机控制的计算机数控系统（简称 CNC），使数控装置进入了以小型计算机化为特征的第四代。

1974 年，研制成功使用微处理器和半导体存储器的微型计算机数控装置（简称 MNC），这是第五代数控系统。

20 世纪 80 年代初，随着计算机软、硬件技术的发展，出现了能进行人机对话式自动编制程序的数控装置；数控装置越趋小型化，可以直接安装在机床上；数控机床的自动化程度进一步提高，具有自动监控刀具破损和自动检测工件等功能。

20 世纪 90 年代后期，出现了 PC+NC 智能数控系统，即以 PC 机为控制系统的硬件部分，在 PC 机上安装 NC 软件系统，方便维护，易于实现网络化制造。

二、数控机床的特点

1. 数控机床与普通机床的区别

数控机床对零件的加工过程是严格按照加工程序所规定的参数及动作执行的。它是一种高效能自动或半自动机床，与普通机床相比，具有以下明显特点：

（1）适合于复杂异形零件的加工。数控机床可以完成普通机床难以完成或根本不能加工的复杂零件的加工，因此在宇航、造船、模具等加工业中得到了广泛应用。

（2）加工精度高。

（3）加工稳定可靠。实现计算机控制，排除人为误差，零件的加工一致性好，质量稳定可靠。

（4）高柔性。加工对象改变时，一般只需要更改数控程序，体现出很好的适应性，可大大节省生产准备时间。在数控机床的基础上，可以组成具有更高柔性的自动化制造系统——FMS（Flexible Manufacture System）。

（5）高生产率。数控机床本身的精度高、刚性大，可选择有利的加工用量，生产率高，一般为普通机床的3~5倍，对某些复杂零件的加工，生产效率可以提高十几倍甚至几十倍。

（6）劳动条件好。机床自动化程度高，操作人员劳动强度大大降低，工作环境较好。

（7）有利于管理现代化。采用数控机床有利于向计算机控制与管理生产方面发展，为实现生产过程自动化创造了条件。

（8）投资大，使用费用高。

（9）生产准备工作复杂。由于整个加工过程采用程序控制，数控加工的前期准备工作较为复杂，包含工艺确定、程序编制等。

（10）维修困难。数控机床是典型的机电一体化产品，技术含量高，对维修人员的技术要求很高。

2. 数控机床的适用范围

鉴于数控机床的上述特点，适用于数控加工的零件有：

（1）批量小而又多次重复生产的零件。

（2）几何形状复杂的零件。

（3）贵重零件加工。

（4）需要全部检验的零件。

（5）试制件。

对以上零件采用数控加工才能最大限度地发挥出数控加工的优势。

三、数控机床的分类

1. 按加工方式和工艺用途分类

（1）普通数控机床。普通数控机床一般指在加工工艺过程中的一个工序上实现数字控制的自动化机床，如数控铣床、数控车床、数控钻床、数控磨床与数控齿轮加工机床等。普通数控机床在自动化程度上还不够完善，刀具的更换与零件的装夹仍需人工来完成。

（2）加工中心。加工中心是带有刀库和自动换刀装置的数控机床，它将数控铣床、数控镗床、数控钻床的功能组合在一起，零件在一次装夹后，可以将其大部分加工面进行铣、镗、钻、扩、铰及攻螺纹等多工序加工。由于加工中心能有效地避免由于多次安装造成的定位误差，所以它适用于产品更换频繁、零件形状复杂、精度要求高、生产批量不大而生产周期短的产品。

（3）特种数控机床。特种数控机床包括数控线（电极）切割机床、数控电火花加工机床、数控火焰切割机、数控激光切割机床、专用组合机床等。

2. 按运动方式分类

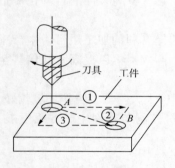

图 1-2 点位控制切削加工

（1）点位控制数控机床。如图 1-2 所示，点位控制是指数控系统只控制刀具或工作台从一点移至另一点的准确定位，然后进行定点加工，而点与点之间的路径不需控制。采用这类控制的有数控钻床、数控镗床和数控坐标镗床等。

（2）点位直线控制数控机床。如图 1-3 所示，点位直线控制是指数控系统除控制直线轨迹的起点和终点的准确定位外，还要控制在这两点之间以指定的进给速度进行直线切削。采用这类控制的有数控铣床、数控车床和数控磨床等。

（3）轮廓控制数控机床。亦称连续轨迹控制，如图 1-4 所示，能够连续控制两个或两个以上坐标方向的联合运动。为了使刀具按规定的轨迹加工工件的曲线轮廓，数控装置具有插补运算的功能，使刀具的运动轨迹以最小的误差逼近规定的轮廓曲线，并协调各坐标方向的运动速度，以便在切削过程中始终保持规定的进给速度。采用这类控制的有数控铣床、数控车床、数控磨床和加工中心等。

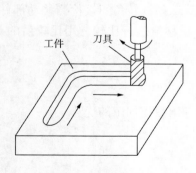

图 1-3 直线控制切削加工

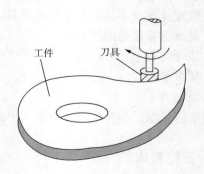

图 1-4 轮廓控制切削加工

3. 按控制方式分类

（1）开环控制系统。开环控制系统是指不带反馈装置的控制系统，由步进电机驱动线路和步进电机组成，如图1-5所示。数控装置经过控制运算发出脉冲信号，每一脉冲信号使步进电机转动一定的角度，通过滚珠丝杠推动工作台移动一定的距离。这种伺服机构比较简单，工作稳定，容易掌握使用，但精度和速度的提高受到限制。

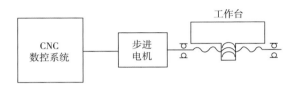

图1-5 开环控制数控机床结构

（2）闭环控制系统。如图1-6所示，闭环控制系统是在机床移动部件位置上直接装有直线位置检测装置，将检测到的实际位移反馈到数控装置的比较器中，与输入的原指令位移值进行比较，用比较后的差值控制移动部件作补充位移，直到差值消除时才停止移动，达到精确定位的控制系统。

闭环控制系统的定位精度高于半闭环控制系统，但结构比较复杂，调试维修的难度较大，常用于高精度和大型数控机床。

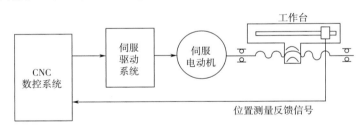

图1-6 闭环控制数控机床结构

（3）半闭环控制系统。如图1-7所示，半闭环控制系统是在开环控制系统的伺服机构中装有角位移检测装置，通过检测伺服机构的滚珠丝杠转角间接检测移动部件的位移，然后反馈到数控装置的比较器中，与输入原指令位移值进行比较，用比较后的差值进行控制，使移动部件补充位移，直到差值消除为止的控制系统。这种伺服机构所能达到的精度、速度和动态特性优于开环伺服结构，为大多数中小型数控机床所采用。

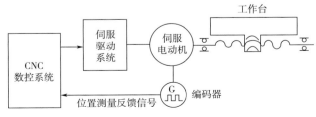

图1-7 半闭环控制数控机床结构

4. 按联动轴数分类

数控系统控制几个坐标轴按需要的函数关系同时协调运动称为坐标联动，按照联动轴数可以分为：

（1）两轴联动。数控机床能同时控制两个坐标轴联动，适于数控车床加工旋转曲面或数控铣床铣削平面轮廓，如图1-8（a）所示。

（2）两轴半联动。在两轴的基础上增加了Z轴的移动，当机床坐标系的X、Y轴固定时，Z轴可以作周期性进给。两轴半联动加工可以实现分层加工，如图1-8（b）所示。

（3）三轴联动。数控机床能同时控制三个坐标轴的联动，用于一般曲面的加工。一般的型腔模具均可以用三轴加工完成，如图1-8（c）所示。

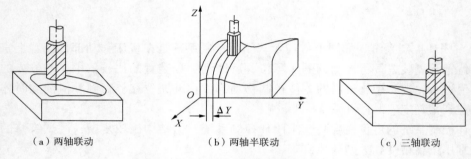

（a）两轴联动　　　　　　（b）两轴半联动　　　　　　（c）三轴联动

图1-8　不同联动轴数所能加工的型面

（4）多轴联动。数控机床能同时控制四个以上坐标轴的联动，如图1-9、图1-10所示。多轴联动数控机床的结构复杂，精度要求高，程序编制复杂，适于加工形状复杂的零件，如叶轮叶片类零件。

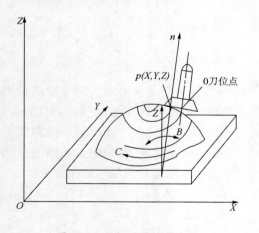

图1-9　五轴联动铣削曲面

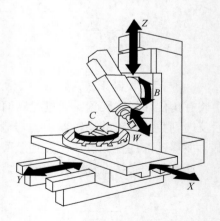

图1-10　六轴加工中心坐标示意图

通常三轴机床可以实现二轴、二轴半、三轴加工；五轴机床也可以只用到三轴联动加工，而其他两轴不联动。

5. 按功能水平分类

按照功能水平，可以将数控机床分为低（经济型）、中、高三档。这种分类方法的界线是相对的，不同时期的划分标准会有所不同。就目前的发展水平来看，不同档次数控机床的功能和指标如表 1-1 所示。

表 1-1 各档次数控机床的功能和指标

功能	低档（经济型）	中档	高档
进给分辨率/μm	10	1	0.1
快速进给速度/（m/min）	3~10	10~20	20~100
伺服系统结构	开环	半闭环	半闭环或闭环
进给驱动元件	步进电动机	伺服电动机	伺服电动机
联动轴数	二至三轴	三至四轴	五轴以上
显示功能	LED 数码管	CRT 显示	CRT 显示，三维图形
内装 PLC	无	有	有
通信能力	无	RS232	RS232，网络接口

四、数控铣床的分类及组成

1. 数控铣床的分类

数控铣床一般为轮廓控制（也称连续控制）机床，可以进行直线和圆弧的切削加工（直线、圆弧插补）和准确定位，有些系统还具有抛物线、螺旋线等特殊曲线的插补功能。

控制的联动轴数一般为三轴或以上，可以加工各类平面、台阶、沟槽、成型表面、曲面等，也可进行钻孔、铰孔和镗孔。加工的尺寸公差等级一般为 IT9~IT7，表面粗糙度值 Ra 为 3.2~0.4μm。

（1）按伺服系统控制原理来分类，可分为开环控制、半闭环控制、闭环控制、混合环控制等。

（2）按机床主轴的布置形式及机床的布局特点分类，可分为数控卧式铣床（图 1-11）、数控立式铣床（图 1-12）和数控龙门铣床（图 1-13）等。

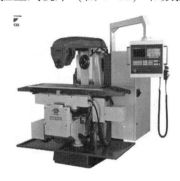

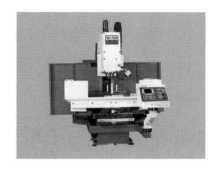

图 1-11 数控卧式铣床　　　　　　图 1-12 数控立式铣床

中小型数控铣床一般采用卧式或立式布局，大型数控铣床采用龙门式。数控铣床的工作台一般能实现左右、前后运动，由主轴箱做上下运动。在经济型或简易型数控铣床上也有采用升降台式结构（图1-14）的，但进给速度较低。另外，还有数控工具铣床、数控仿形铣床等。

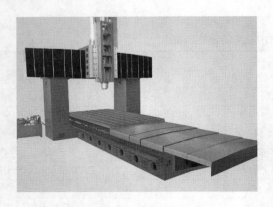
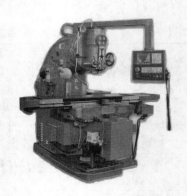

图1-13 数控龙门铣床　　　　图1-14 数控立式升降台铣床

2. 数控铣床的组成

数控铣床主要由控制介质输入装置、数控装置、伺服系统、辅助控制装置和机床本体等组成。

五、加工中心分类与组成

1. 加工中心的分类

加工中心是在数控铣床的基础上发展起来的，其分类与数控铣床分类基本相同。加工中心属于中、高档数控机床，其伺服系统一般采用半闭环、全闭环或混合环控制。按机床主轴的布置形式及机床的布局特点来分类，可分为立式加工中心、卧式加工中心和龙门加工中心。

（1）立式加工中心。如图1-15所示，立式加工中心的主轴垂直于工作台，主轴在空间处于垂直状态，它主要适用于板材、壳体、模具类零件的加工。

（2）卧式加工中心。如图1-16所示，卧式加工中心主轴轴线与工作台平面方向平行，主轴在空间处于水平状态，采用回转工作台，一次装夹工件，通过工作台旋转可实现多个加工面加工，它主要适用于箱体类工件的加工。

（3）龙门加工中心。如图1-17所示，龙门加工中心的形状与数控龙门铣床相似，应用范围比数

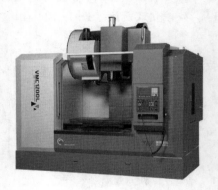

图1-15 立式加工中心

控龙门铣床更大。主轴多为垂直设置，除自动换刀装置以外，还带有可更换的主轴头附件，数控装置的功能也较齐全，能够一机多用，尤其适用于大型或形状复杂的工件的加工。

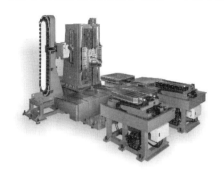

图 1-16　卧式加工中心　　　　　　　　图 1-17　龙门加工中心

2. 加工中心的组成

加工中心与数控铣床的最大区别在于加工中心具有自动交换刀具的能力，通过在刀库安装不同用途的刀具，可在一次装夹中通过自动换刀装置改变主轴上的刀具，实现钻、铣、镗、攻螺纹、切槽等多种加工功能。它由床身、主轴箱、工作台、底座、立柱、横梁、进给机构、自动换刀装置、辅助系统（气液、润滑、冷却）、控制系统等组成。

六、数控铣床（加工中心）的加工对象

铣削加工是机械加工中常用的加工方法之一，它主要包括平面铣削和轮廓铣削，也可以对零件进行钻、扩、铰、镗、锪加工以及螺纹加工等。数控铣削主要适合下列几类零件的加工。

1. 平面类零件

平面类零件是指加工面平行或垂直于水平面，以及加工面与水平面的夹角为一定值的零件，这类加工面可展开为平面。

图 1-18 所示的三个零件均为平面类零件。其中，曲线轮廓面 A 垂直于水平面，可采用圆柱立铣刀加工。凸台侧面 B 与水平面成一定角度，这类加工面可以采用专用的角度成形铣刀来加工。对于斜面 C，当工件尺寸不大时，可用斜板垫平后加工；当工件尺寸很大，斜面坡度又较小时，也常用行切法加工，这时会在加工面上留下进刀时的刀锋残留痕迹，要用钳修方法加以清除。

2. 曲面类零件

（1）直纹曲面类零件。直纹曲面类零件是指由直线依某种规律移动所产生的曲面类零件。如图 1-19 所示零件的加工面就是一种直纹曲面，当直纹曲面从截面 a 至截面 b 变化时，其与水平面间的夹角 3°10′ 均匀变化为 2°32′，从截面 b 到截面 c 时，又均匀变化为 1°20′，最后到截面 d，斜角均匀变化为 0°。直纹曲面类零件的加工面不能展开为平面。

（a）轮廓面A　　　　　（b）轮廓面B　　　　　（c）轮廓面C

图 1-18　平面类零件

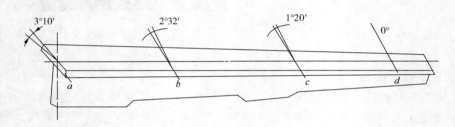

图 1-19　直纹曲面类零件

　　当采用四坐标或五坐标数控铣床加工直纹曲面类零件时，加工面与铣刀圆周接触的瞬间为一条直线。这类零件也可以在三坐标数控铣床上采用行切法实现近似加工。

　　（2）立体曲面类零件。加工面为空间曲面的零件称为立体曲面类零件。这类零件的加工面不能展成平面，一般使用球头铣刀切削，加工面与铣刀始终为点接触，若采用其他刀具加工，易产生干涉而铣伤邻近表面。

　　加工立体曲面类零件一般使用三坐标数控铣床，采用以下两种加工方法：

　　①行切法。行切法的加工方案和走刀路线如图 1-20 所示。

　　②三坐标联动加工。采用三坐标数控铣床三轴联动加工，即进行空间直线插补。如半球形，可用行切法加工，也可用三坐标联动的方法加工。这时，数控铣床用 X、Y、Z 三坐标联动的空间直线插补实现球面加工，如图 1-21 所示。

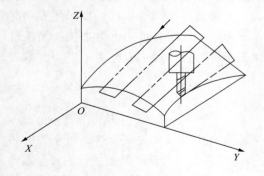

图 1-20　行切加工法

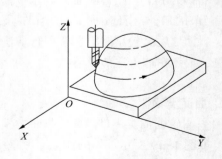

图 1-21　三坐标联动加工

3. 箱体类零件

箱体类零件一般是指具有一个以上孔系,内部有一定型腔或空腔,在长、宽、高方向有一定比例的零件。这类零件在机械行业、汽车、飞机制造等各个行业用得较多,如汽车的发动机缸体、变速器;机床的主轴箱;柴油机缸体、齿轮泵壳体等。如图 1-22 所示为控制阀壳体,图 1-23 所示为热力机车主轴箱体。

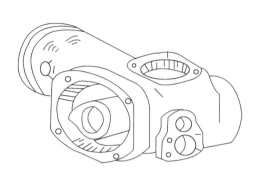

图 1-22　控制阀壳体

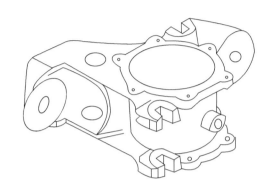

图 1-23　热力机车主轴箱体

箱体类零件一般都需要进行多工位孔系、轮廓及平面加工,公差要求较高,特别是几何公差要求较为严格,通常要经过铣、钻、扩、镗、铰、锪、攻螺纹等工序,需要刀具较多,在普通机床上加工难度大,工装套数多,费用高,加工周期长,需多次装夹、找正,手工测量次数多,加工时必须频繁地更换刀具,工艺难以制定,更重要的是精度难以保证。

这类零件在加工中心上加工,一次装夹可完成普通机床 60%~95% 的工序内容,零件各项精度一致性好,质量稳定,同时节省费用,缩短生产周期。加工箱体类零件的加工中心,当加工工位较多,需工作台多次旋转角度才能完成的零件,一般选卧式镗铣类加工中心;当加工工位较少,且跨距不大时,可选立式加工中心,从一端进行加工。

七、平面铣削的方式与特点

平面铣削可以在立式或卧式铣床上进行。在铣床上铣平面时,有用铣刀的周边齿刃进行的周边铣削和用铣刀端面齿刃进行端面铣削两种基本方式,如图 1-24 所示。

1. 圆柱铣刀铣削的方法与特点

用圆柱铣刀铣平面时,有顺铣和逆铣两种方法。

当圆柱铣刀刀尖和已加工平面,在切点 A 处的切削速度方向与工件的进给方向一致的铣削称为顺铣,如图 1-25 (a) 所示。顺铣时,刀齿由 B 点切入工件到 A 点离开工件,并且刀齿一开始就从较厚的地方切入,切屑由厚逐渐变薄地切下来,不会产生滑动。

当圆柱铣刀刀尖和已加工平面,在切点 A 处的切削速度方向与工件的进给方向相反的铣削称为逆铣,如图 1-25 (b) 所示。逆铣时,刀齿由 A 点接触工件到 B 点离开工件,

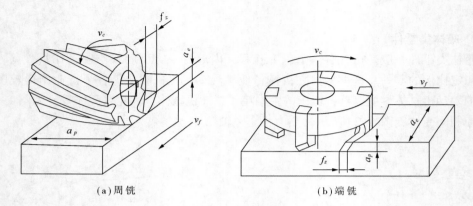

(a)周铣　　　　　　　　　　　(b)端铣

图 1-24　平面铣削

切屑由薄变厚地被切下。刀齿在 A 点接触后不会马上切入，而是在已加工表面上滑动一小段距离后才能真正切入工件。

（1）顺铣的特点。

①顺铣时，刀齿切入工件没有滑动现象，切削面上没有前一刀齿切削时因摩擦造成的硬化层，刀齿容易切入；后刀面与工件也无挤压摩擦，加工精度高，铣刀耐用度可比逆铣提高 2~3 倍。

②顺铣时，垂直进给力 F_{fN} 的方向始终向下，将工件压向工作台面，有利于工件的定位与夹紧，铣削时比较平稳，适宜加工薄而长的零件。

③顺铣时，进给力 F_f 的方向与进给方向相同。若 F_f 大于工作台摩擦阻力时，丝杠与螺母之间存在间隙，铣削中会使工作台产生窜动，使铣刀的刀齿受冲击而损坏。因此，采用顺铣时，必须消除丝杠与螺母之间的间隙。

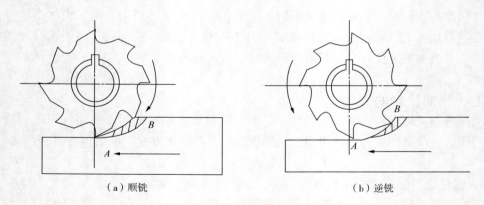

（a）顺铣　　　　　　　　　　　（b）逆铣

图 1-25　圆柱铣削

④顺铣时，刀齿由较厚的地方切入，因此，不宜加工如铸、锻件等有硬度的毛坯工件。

（2）逆铣的特点。

①逆铣时，刀齿在切入前的滑动过程中，刀刃将受到强烈挤压与摩擦，加速了后刀面的磨损，降低了铣刀的耐用度，恶化了加工表面的表面粗糙度，并造成严重的硬化层。

②逆铣时垂直进给力 F_{fN} 的方向向上，有把工件连同工作台向上抬的趋势，容易使工作台产生跳动，不宜加工薄而长的工件。

③逆铣时进给力 F_f 的方向始终与进给方向相反，使传动系统总是互相贴紧，丝杠与螺母的间隙对逆铣没有影响，工作台不会窜动。

根据顺铣与逆铣的特点，由于丝杠与螺母的间隙对逆铣没有影响，在实际工作中，逆铣常被广泛应用。但在精铣时，因切削力小，不会拉动工作台，而且还可减小加工表面的表面粗糙度值，所以也可采用顺铣的方法。

2. 面铣刀铣削的方法与特点

用面铣刀铣削平面时，按铣刀轴线与工件之间的相对位置以及铣刀切入、切出的情况，端铣平面可分为对称铣削、不对称逆铣与不对称顺铣三种方式。

（1）对称铣削。铣削过程中，面铣刀轴线始终位于铣削弧长的对称中心位置，上面的顺铣部分等于下面的逆铣部分，如图 1-26（a）所示。

（2）不对称逆铣。当面铣刀轴线偏置于铣削弧长对称中心的一侧，且逆铣部分大于顺铣部分，这种铣削方式称为不对称逆铣，如图 1-26（b）所示。

（3）不对称顺铣。当面铣刀轴线偏置于铣削弧长对称中心的一侧，且顺铣部分大于逆铣部分，这种铣削方式称为不对称顺铣，如图 1-26（c）所示。

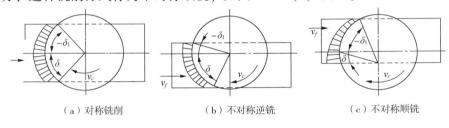

（a）对称铣削　　　　　（b）不对称逆铣　　　　　（c）不对称顺铣

图 1-26　端铣平面

3. 周铣与端铣的比较

在铣削单一平面时，周铣与端铣是可以分开的，但在铣台阶和沟槽时，则周铣与端铣往往同时存在。下面就铣削单一平面时，对周铣与端铣分析对比如下：

（1）一般面铣刀的刀杆短，装夹刚度好，同时参加铣削的刀齿数多，工作平稳、振动小。而圆柱铣刀刀杆较长，其轴径较小，容易使刀杆产生弯曲变形，同时参加铣削的刀齿数较少，切削力波动大，故容易引起振动。

（2）端铣平面时，其刀齿的主、副刀刃同时参加工作，主刀刃切去大部分余量，副刀刃起修光已加工表面的作用，加工后的表面粗糙度值比较小；齿刃负荷分配合理，刀具寿命长。而周铣只有圆周上的主刀刃工作，不但无法切除已加工表面的残留面积，而且装刀后的径向跳动也会反映到工件表面上，使已加工表面比较粗糙。

（3）面铣刀便于镶装硬质合金刀片进行高速铣削或阶梯铣削，生产效率高，铣削质量也好，而圆柱铣刀镶装硬质合金刀片比较困难。

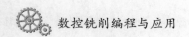

（4）面铣刀刀盘直径大，最大可达 1m 左右，在铣削宽度较大的工件时，能一次铣出整个表面，不用接刀铣削；而用圆柱铣刀铣削宽度较大的平面时，一般要接刀铣削，故会在已加工表面上留有接刀痕迹。

（5）圆柱铣刀可采用大刃倾角（可达 60°~70°），以充分发挥大刃倾角在切削过程中的作用，这对铣削不锈钢、耐热合金等难加工材料有一定帮助。

（6）端铣的生产效率和加工质量都比周铣要高。因此，在铣平面时，一般采用端铣。但在铣削不锈钢等韧性材料时，常采用大螺旋角的圆柱铣刀进行周铣。

八、平面铣削用刀具

铣刀的类型很多，本项目只介绍在数控机床上铣削加工平面用刀具。

1. 面铣刀

面铣刀主要用于加工较大的平面。如图 1-27 所示，面铣刀的圆周表面和端面上都有切削刃，圆周表面上的切削刃为主切削刃，端面切削刃为副切削刃。面铣刀多制成套式镶齿结构，刀齿为高速钢或硬质合金。

与高速钢面铣刀相比，硬质合金面铣刀的铣削速度较高，可获得较高的加工效率和加工表面质量，并可加工带有硬皮和淬硬层的工件，故得到广泛的应

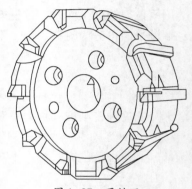

图 1-27　面铣刀

用。按刀片和刀齿的安装方式不同，硬质合金面铣刀可分为整体焊接式、机夹焊接式和可转位式三种。由于整体焊接式、机夹焊接式面铣刀难以保证焊接质量，刀具耐用度较低，重磨较费时，现在已逐渐被可转位式面铣刀所替代。

可转位式面铣刀是将可转位刀片通过夹紧元件夹固在刀体上，当刀片的一个切削刃磨钝后，直接在机床上将刀片转位或更换新刀片。这种铣刀在提高加工质量和加工效率、降低成本、方便操作使用等方面都表现出明显的优越性，目前已得到广泛应用。

标准可转位面铣刀的直径为 $\Phi16~\Phi630mm$。粗铣时，铣刀直径尽量选小些，因为粗铣切削力大，选小直径铣刀可减小切削扭矩。精铣时，铣刀直径要选大些，尽量包容工件整个加工宽度，以提高加工精度和效率，并减小相邻两次进给之间的接刀痕迹。

2. 立铣刀

立铣刀是数控加工中用得最多的一种铣刀，主要用于加工内孔、较小的台阶面以及轮廓面。如图 1-28 所示，立铣刀的圆柱表面和端面上都有切削刃，它们既可以同时进行

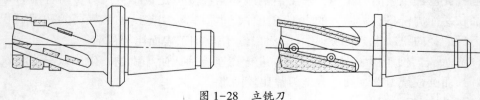

图 1-28　立铣刀

切削，也可以单独进行切削。圆柱表面的切削刃为主切削刃，端面上的切削刃为副切削刃。主切削刃一般为螺旋槽，这样可增加切削的平稳性，提高加工精度。端面刃主要用来加工与侧面垂直的底平面，普通立铣刀的端面中心处无切削刃，故一般立铣刀不宜做轴向进给。目前，市场上已推出了过中心刃的立铣刀，过中心刃立铣刀可直接轴向进给，如图 1-29 所示。

图 1-29 过中心四刃立铣刀

九、工件的装夹

1. 机用平口虎钳装夹工件

为了提高刚度，在铣削平面、垂直面和平行面时，一般都采用非回转式的机床用平口虎钳装夹工件。把机床用平口虎钳装到工件台上时，钳口与主轴的方向应根据工件长度来决定，对于长的工件，钳口应与主轴垂直，在立式铣床上应与进给方向一致；对于短的工件，钳口与进给方向垂直较好。在粗铣和半精铣时，应使铣削力指向固定钳口，因为固定钳口比较牢固。在铣床上铣平面时，对钳口与主轴的平行度和垂直度的要求不高，一般目测检查就可以。在铣削沟槽等工件时，则要求有较高的平行度或垂直度，校正方法如下：

（1）利用百分表或划针来校正。用百分表校正时，先把带有百分表的弯杆，用固定环紧压在刀轴上，或者用磁性表座将百分表吸附在悬梁（横梁）导轨或垂直导轨上，并使机床用的平口虎钳固定钳口接触百分表测量头（简称测头）。然后移动纵向或横向工作台，并调整机床用平口虎钳位置，使百分表上指针的摆差在允许范围内，如图 1-30（a）所示。对钳口方向的准确度要求不很高时，也可用划针或大头针来代替百分表校正。

（2）利用定位键安装机床用平口虎钳。在机床用平口虎钳的底面上一般都有键槽。有的只在一个方向上有分成两段的键槽，键槽的两端可装上两个键；有的机床用平口虎钳底面有两条互相垂直的键槽，如图 1-30（b）所示。

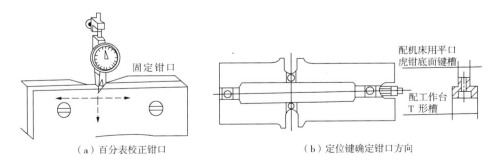

（a）百分表校正钳口　　　　　　　　（b）定位键确定钳口方向

图 1-30 校正机床平口虎钳位置

在把工件毛坯装到机床用平口虎钳内时，必须注意毛坯表面的状况，若是粗糙不平或有硬皮的表面，就必须在两钳口上垫上铜皮。对表面粗糙度值小的平面在夹到钳口内时，为保护工件表面，应垫薄的铜皮。为便于加工，还要选择适当厚度的垫铁，垫在工件下面，使工件的加工面高出钳口。高出的尺寸以能把加工余量全部切完而不至于切到钳口为宜。在机床用平口虎钳内安装两个平面不平行的工件时，若用普通台虎钳直接夹紧，必定会产生只夹紧大端而小端夹不牢的现象，因此，可在钳口内加一对弧形垫铁，或加一块相同斜度的垫铁。

2. 压板螺栓装夹

压板螺栓装夹方式如图 1-31 所示，使用压板将工件直接压紧在机床工作台面上，主要用于中、大型形状复杂工件的装夹。

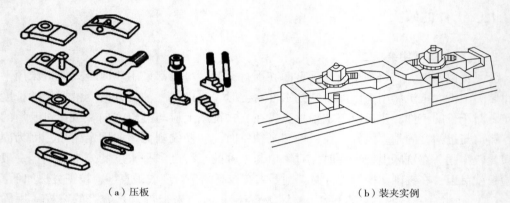

（a）压板 　　　　　　　　　　　　　　　　（b）装夹实例

图 1-31　压板螺栓装夹

压板装夹的工件通过挡块直接找正定位。单件加工时，可在装夹部位对工件轻微预紧后找正操作，然后夹紧。若为批量生产，首件找正后，用定位挡块对工件互相垂直的两个基准面定位，并将定位挡块单独压紧在机床工作台上，以后各件直接紧贴定位挡块后用压板夹紧即可。

当工件有在垂直方向穿透的加工表面时，应在工件底面与工作台之间垫上适当厚度的等高垫块。

压板装夹应注意的一些具体操作事项见表 1-2。

表 1-2　　　　　　　　　　　　　　　压板装夹应注意的操作事项

要　求	图　示	
	不正确	正确
螺栓应尽量靠近工件，以增大夹紧力		

续表

要　求	图　示	
	不正确	正确
垫块高度应使压板与工件良好接触		
压板尽量避免搭压在工件悬空处，若非要在悬空处压紧，应垫实		
压板的搭压点应与工件的支撑点对应		

十、数控程序结构及功能指令（程序识读）

1. 字与字的功能

（1）字符。字符是用来组织、控制或表示数据的一些符号，如数字、字母、标点符号、数学运算符等。数控系统只能接受二进制信息，所以必须把字符转换成 8bit 信息组合成的字节，用"0"和"1"组合的代码来表达。国际上广泛采用两种标准代码：

①ISO 国际标准化组织标准代码。

②EIA 美国电子工业协会标准代码。

这两种标准代码的编码方法不同，在大多数现代数控机床上这两种代码都可以使用，只需用系统控制面板上的开关来选择，或用 G 功能指令来选择。

（2）字。在数控加工程序中，字是指一系列按规定排列的字符，作为一个信息单元存储、传递和操作。字是由一个英文字母与随后的若干位十进制数字组成，这个英文字母称为地址符。如："X2500"是一个字，X 为地址符，数字"2500"为地址中的内容。

（3）字的功能。组成程序段的每一个字都有其特定的功能含义，以下是以 FANUC-0M 数控系统的规范为主来介绍的，实际工作中，请遵照机床数控系统说明。

①顺序号字 N。顺序号又称程序段号或程序段序号。顺序号位于程序段之首，由顺序号字 N 和后续数字组成。顺序号字 N 是地址符，后续数字一般为 1~4 位的正整数。数控加工中的顺序号实际上是程序段的名称，与程序执行的先后次序无关。数控系统不是按顺序号的次序来执行程序，而是按照程序段编写时的排列顺序逐段执行。顺序号的作用：对程序的校对和检索修改；作为条件转向的目标，即作为转向目的程序段的名称。有顺序号的程序段可以进行复归操作，这是指加工可以从程序的中间开始，或回到程序中断处开始。

一般使用方法：编程时将第一程序段冠以 N10，以后以间隔 10 递增的方法设置顺序号，这样，在调试程序时，如果需要在 N10 和 N20 之间插入程序段时，就可以使用 N11、N12 等。

②准备功能字 G。准备功能字的地址符是 G，又称为 G 功能或 G 指令，是用于建立机床或控制系统工作方式的一种指令。后续数字一般为 1~2 位正整数，如：G01、G02、…G99。

③尺寸字。尺寸字用于确定机床上刀具运动终点的坐标位置。其中，第一组 X、Y、Z、U、V、W、P、Q、R，用于确定终点的直线坐标尺寸；第二组 A、B、C、D、E，用于确定终点的角度坐标尺寸；第三组 I、J、K，用于确定圆弧轮廓的圆心坐标尺寸。在一些数控系统中，还可以用 P 指令暂停时间、用 R 指令圆弧的半径等。

④进给功能字 F。进给功能字的地址符是 F，又称为 F 功能或 F 指令，用于指定切削的进给速度。对于车床，F 可分为每分钟进给和主轴每转进给两种，对于其他数控机床，一般只用每分钟进给。

⑤主轴转速功能字 S。主轴转速功能字的地址符是 S，又称为 S 功能或 S 指令，用于指定主轴转速，单位为 r/min。

⑥刀具功能字 T。刀具功能字的地址符是 T，又称为 T 功能或 T 指令，用于指定加工时所用刀具的编号。

⑦辅助功能字 M。辅助功能字的地址符是 M，后续数字一般为 1~2 位正整数，又称为 M 功能或 M 指令，用于指定数控机床辅助装置的开关动作。

（4）常用编程指令代码。在数控编程中，有的编程指令是不常用的，有的只适用于某些特殊的数控机床。这里主要介绍一些常用的编程指令，对于不常用的编程指令，请参考相应的数控机床编程手册。

①准备功能指令（G 指令）。准备功能指令由字符 G 和其后的 1~3 位数字组成，其主要功能是指定机床的运动方式，为数控系统的插补运算作准备。G 指令的有关规定和含义见表 1-3。

表 1-3   **G 代码的说明**

指令代码	功　能	模态	组别	指令代码	功　能	模态	组别
G00	快速点定位	*	01	G49	刀具长度补偿取消	*	08
G01	直线插补	*	01	G50	比例缩放取消		22
G02	顺时针圆弧插补	*	01	G51	比例缩放		22
G03	逆时针圆弧插补	*	01	G54~G59	工件坐标系	*	14
G04	进给暂停		00	G68	坐标系旋转		16
G17	XY 平面选择	*	02	G69	坐标系旋转取消		16
G18	ZX 平面选择	*	02	G73、G74、G76	固定循环指令		09
G19	YZ 平面选择	*	02	G80	固定循环取消	*	09
G20	英制输入		06	G81~G89	固定循环指令	*	09
G21	公制输入	*	06	G90	绝对值指令编程	*	03
G28	自动返回原点		00	G91	增量值指令编程	*	03

续表

指令代码	功　　能	模态	组别	指令代码	功　　能	模态	组别
G29	从参考点返回		00	G94	每分钟进给		05
G40	刀具半径补偿取消		07	G95	主轴每转进给		05
G41	刀具半径左补偿	*	07	G96	恒线速度指令		13
G42	刀具半径右补偿	*	07	G97	取消恒线速度指令		13
G43	刀具长度正补偿	*	08	G98	返回初始平面		10
G44	刀具长度负补偿	*	08	G99	返回安全平面		10

注：G功能按组别可分为两大类。属于00组别的为非续效指令（非模态指令），即该指令的功能只在该程序段执行时有效。非00组别为续效指令（模态指令），即该指令不仅在该程序段有效，在后续程序段依然有效直到被同一组别的指令取代为止。不同组别的G功能可以在同一程序段中使用，但若同一组别在同一程序段中出现两个或两个以上时，则最后面的G功能有效。

②辅助功能指令（M指令）。辅助功能指令由字母M和其后的两位数字组成，主要用于完成加工操作时的辅助动作。常用的M指令见表1-4。

表1-4　　　　　　　　　　　　　M指令的说明

M指令	功能	说明	M指令	功能	说明
M00	程序停止	非模态	M08	冷却液开	模态
M01	选择程序停止		M09	冷却液关	
M02	程序结束		M30	程序结束并返回	非模态
M03	主轴顺时针旋转	模态	M98	调用子程序	
M04	主轴逆时针旋转		M99	子程序取消	
M05	主轴停止				

2. 程序格式

（1）程序段格式。

程序段格式举例：

N30　G01　X88.1　Y30.2　F500　S3000　T02　M08；

N40　X90；（本程序段省略了续效字"G01　Y30.2　F500　S3000　T02　M08"，但它们的功能仍然有效）

在程序段中，必须明确组成程序段的各要素：

①移动目标：终点坐标值X、Y、Z。

②沿怎样的轨迹移动：准备功能字G。

③进给速度：进给功能字F。

④切削速度：主轴转速功能字S。

⑤使用刀具：刀具功能字T。

⑥机床辅助动作：辅助功能字M。

（2）加工程序的一般格式。

①程序开始符、结束符。

②程序名。程序名有两种形式：一种是英文字母 O 和 1~4 位正整数组成，另一种是由英文字母开头，字母数字混合组成的。一般要求单列一段。

③程序主体。程序主体是由若干个程序段组成的，每个程序段一般占一行。

④程序结束指令。程序结束指令可以用 M02 或 M30。一般要求单列一段。

加工程序的一般格式见表 1-5。

表 1-5　　　　　　　　　　　　　加工程序的一般格式

序号	程序	简要说明
	主程序 O0010	程序名
N001	G90 G17 G40 G50 G69 G80;	
N010	G54 G00 X0 Y0 Z100;	
N020	M03 S800 T02 M07;	
N030	G00 X−25 Y−70;	
N040	G00 Z2;	程序主体
N050	G01 Z−2 F150;	
N060	M98 P0001 D01（D01＝35）;	
…	…	
N280	M05;	
N290	M30;	程序结束

十一、绝对值、增量值指令——G90、G91

绝对值——G90 指令规定在编程时按绝对值方式输入坐标，即移动指令终点的坐标值 X、Y、Z 都是以工件坐标系坐标原点（程序零点）为基准来计算。

增量值——G91 指令规定在编程时按增量值方式输入坐标，即移动指令终点的坐标值 X、Y、Z 都是以起始点为基准来计算，再根据终点相对于起始点的方向判断正负，与坐标轴同向取正，反向取负。

编程过程如图 1-32 所示。

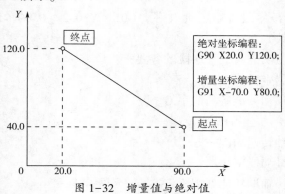

图 1-32　增量值与绝对值

十二、坐标相关指令：G92、G53、G54 ~ G59

1. G92——设定加工坐标系

（1）编程格式：G92　X—　Y—　Z—。

（2）G92 指令是将加工原点设定在相对于刀具起始点的某一空间点上。

（3）应用：G92　X20　Y10　Z10。

执行后在机床坐标系中的位置如图 1-33 所示。

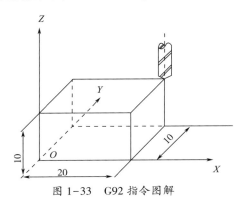

图 1-33　G92 指令图解

2. G53——选择机床坐标系

（1）编程格式：G53　G90　X—　Y— Z—。

（2）G53 指令使刀具快速定位到机床坐标系中的指定位置上，式中 X、Y、Z 后的值为机床坐标系中的坐标值，其尺寸均为负值。

（3）例：G53　G90　X-100　Y-100　Z-20。

执行后在机床坐标系中的位置如图 1-34 所示。

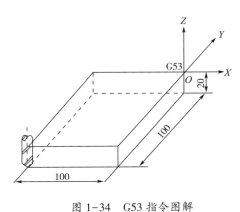

图 1-34　G53 指令图解

3. G54、G55、G56、G57、G58、G59——选择 1~6 号加工坐标系

（1）这些指令可以分别用来选择相应的加工坐标系。编程格式：

G54　G90　G00（G01）X—　Y—　Z—（F—）；

（2）该指令执行后，所有坐标值指定的坐标尺寸都是选定的工件加工坐标系中的位置。

1~6 号工件加工坐标系是通过 CRT/MDI 方式设置的。

（3）应用：CRT/MDI 在参数设置方式下设置了两个加工坐标系：

G54　X-50　Y-50　Z-10；

G55　X-100　Y-100　Z-20；

这时，建立了原点在 O' 的 G54 加工坐标系和原点在 O" 的 G55 加工坐标系。若执行下述程序段：

N10　G53　G90　X0　Y0　Z0；

N20　G54　G90　G01　X50　Y0 Z0　F100；

N30　G55　G90　G01　X100　Y0 Z0　F100；

则刀尖点的运动轨迹如图 1-35 所示。

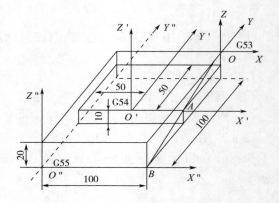

图 1-35　选择坐标系指令图解

十三、坐标平面选择指令——G17、G18、G19

（1）功能：指令是用来选择圆弧插补平面和刀具补偿平面的，如图 1-36 所示。

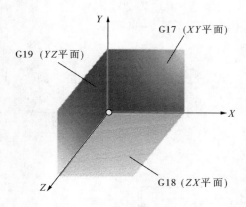

图 1-36　坐标平面选择指令图解

（2）含义/格式：G17（/G18/G19）；*XY* 平面（/*ZX* 平面/*YZ* 平面）。

注意：移动指令与平面选择无关。

十四、快速定位、直线插补

1. 快速定位（G00）

刀具从当前位置快速移动到切削开始前的位置，在切削完了之后，快速离开工件。一般在刀具非加工状态的快速移动时使用，该指令只是快速到位，其运动轨迹因具体的控制系统不同而异，进给速度 F 对 G00 指令无效。

（1）格式：G00　X—　Y—　Z—　；。

（2）应用：G90　G00　X40.0　Y20.0　;。

执行后刀尖点的运动轨迹如图 1-37 所示。

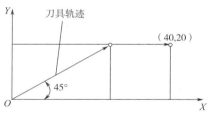

图 1-37　快速定位指令图解

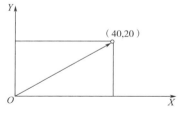

图 1-38　直线插补指令图解

2. 直线插补指令（G01）

用于刀具直线插补运动。G01 指令使刀具以一定的进给速度，从所在点出发，直线移动到目标点。

（1）格式：G00　X—　Y—　Z—　F—;。

（2）应用：G01　X40.0　Y20.0　F100;。

执行后刀尖点的运动轨迹如图 1-38 所示。

📟 项目实施

平面零件图如图 1-1 所示，此零件图要求对 400mm×300mm 的大平面进行铣削，在立式数控铣床上完成零件的加工。

一、制定加工工艺

1. 分析零件图

如图 1-1 所示，该零件结构简单，对大平面进行加工，上平面表面粗糙度为 $Ra3.2\mu m$，且与底平面有平行度要求。毛坯图如图 1-39 所示。

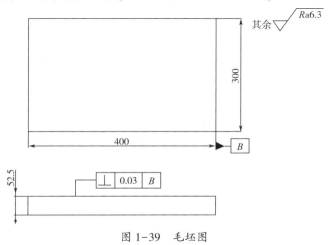

图 1-39　毛坯图

2. 确定装夹方案及工艺路线

该零件以侧面定位，采用平口虎钳装夹，根据"基面先行，先粗后精"的原则，先加工基准面 A，先粗铣后精铣，粗铣采用往复走刀，然后再精加工上表面，以基准面及两侧面定位，底部垫上量块，使工件高于钳口至少 1mm，精铣路线采用单向走刀加工。走刀路线如图 1-40 所示。

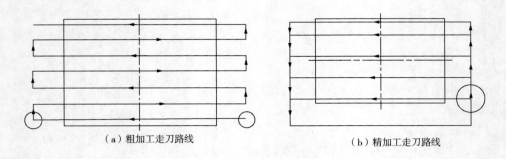

（a）粗加工走刀路线　　　　　　　　　　（b）精加工走刀路线

图 1-40　加工路线图

3. 刀具与切削用量（表 1-6）

表 1-6　　　　　　　　　　　　　　　刀具与切削用量

刀具号	刀具规格	工步内容	f /（mm/min）	a_p /mm	n /（r/min）
T01	可转位硬质合金面铣刀 直径 Φ63mm	粗铣基准面 A	60	2	100
T02	可转位硬质合金面铣刀 直径 Φ125mm	精铣上平面	80	0.5	150

4. 制定工艺文件

（1）工具、量具清单见表 1-7。

表 1-7　　　　　　　　　　　　　　　工具、量具清单

序号	名称	规格（mm）	精度	单位	数量
1	Z 轴定向器	50	0.01	个	1
2	游标卡尺	0~150	0.02	把	1
3	游标深度尺	0~200	0.02	把	1
4	百分表及磁力表座	0~10	0.01	套	1
5	表面粗糙度样板	N0~N1	12 级	副	1
6	垫铁			副	若干
7	塑料榔头			个	1
8	呆扳手			把	1
9	防护眼镜			副	1

（2）数控加工工序卡见表1-8。

表1-8　　　　　　　　　平面零件数控加工工序卡

材料	45钢		零件图号		数控系统	FANUC 0i-MC	工序号	
工步	工步内容 （走刀路线）	装夹 序号	T 刀具	切削用量				
				转速 n / （r/min）	进给速度 f / （mm/min）		吃刀量 a_p /mm	
1	粗铣基准面 A	1	T01	100	60		2	
2	精铣上平面	2	T02	150	80		0.5	

二、编程（参考程序）

（1）设定编程原点，第一次安装，选择毛坯上表面中心为坐标系原点，加工坐标系设在G54上，第二次安装选择基准面 A 中心为坐标系原点，加工坐标系设在G55上。

（2）参考程序见表1-9。

表1-9　　　　　　　　　数控加工参考程序

程序卡	编程原点	零件的上表面中心		编写日期	
	零件名称	平面零件	零件图号	材料	45钢
	车床型号	KVC650	夹具名称 平口虎钳	实训车间	
程序数	1		数控系统	FANUC 0i-MC	
序号	程序		简要说明		
	O0001		程序名		
N10	G54　G40　G49　G80；		选择工件坐标系G54，取消刀具半径补偿和固定循环功能，主轴安装 $\Phi 63$ 面铣刀，准备粗铣基准面		
N20	M03　S100；		主轴以100r/min速度正转		
N30	G00　Z20；		快速定位到工件上表面20mm		
N40	X250　Y-118.5；		快速定位到右下角位置		
N50	G43　G01　Z-2　H01　F60；		直线插补下刀2mm		
N60	G91　X-500；		-X 向铣削，铣削500mm，第一行切削		
N70	Y63；		+Y 向铣削，铣削63mm		
N80	X500；		+X 向铣削，铣削500mm，第二行切削		
N90	Y63；		+Y 向铣削，铣削63mm		
N100	X-500；		-X 向铣削，铣削500mm，第三行切削		
N110	Y63；		+Y 向铣削，铣削63mm		
N120	X500；		+X 向铣削，铣削500mm，第四行切削		

续表

程序卡	编程原点	零件的上表面中心		编写日期	
	零件名称	平面零件	零件图号	材料	45钢
	车床型号	KVC650	夹具名称 平口虎钳	实训车间	
N130	Y63;		+Y向铣削，铣削63mm		
N140	X-500;		-X向铣削，铣削500mm，第五行切削		
N150	G00 Z100;		快速定位到工件上表面100mm		
N160	M05;				
N170	M00;		手动换Φ125面铣刀，二次安装，以基准面A中心为加工零点		
N180	M03 S150;		主轴以150r/min速度正转		
N190	G90 G55 G00 X270 Y-105;		快速定位到右下角位置		
N200	Z100;				
N210	G43 G01 Z50 H02 F80;		直线插补下刀至上平面		
N220	G91 X-540;		-X向铣削，铣削540mm，第一行切削		
N230	Y-110;		-Y向退刀		
N240	X540;		+X向退刀		
N250	Y215;		+Y向进刀		
N260	X-540;		-X向铣削，铣削540mm，第二行切削		
N270	Y-215;		-Y向退刀		
N280	X540;		+X向退刀		
N290	Y320;		+Y向进刀		
N300	X-540;		-X向铣削，铣削540mm，第三行切削		
N310	G90 G00 Z100;		提刀到Z100		
N320	X0 Y0;				
N330	M05;		主轴停		
N340	M30;		程序结束，返回程序起点		

三、平面零件数控加工

将编好的数控程序传到KVC650数控铣床，装夹毛坯，建立工件坐标系，设置相关参数，加工零件，主要操作要点如下。

1. 加工准备

（1）阅读零件图，并按毛坯图检查坯料的尺寸。

（2）开机，机床回参考点。

（3）输入程序并检查该程序。

（4）安装夹具，夹紧工件。

（5）准备刀具。

本项目共使用了两把刀具，均为可转位硬质合金面铣刀，检查各刀片的牢固程度和安装的正确性，然后按顺序安装在对应的刀架上。

2. 操作过程

（1）X，Y 向对刀。将所用面铣刀装在主轴上，并使主轴中速旋转。手动移动铣刀沿 X（或 Y）向靠近被测边，直到面铣刀的周刃轻微接触到工件表面，听到刀刃与工件的摩擦声（但没有切屑）；保持 X（或 Y）坐标不变，将铣刀沿 +Z 向退离工件；将机床相对坐标 X（或 Y）置零，并沿 X（或 Y）向移动工件长度的一半（或宽度的一半）加上刀具半径的距离；记录此时机床坐标系下的 X（或 Y）值，输入 G54 中。

（2）Z 向对刀。手动向下移动面铣刀，首先用 $\varPhi63\mathrm{mm}$ 面铣刀试切上表面，将铣刀的底刃与毛坯上表面轻微接触（但没有切屑），记录此时机床坐标下的 Z 值，输入 G54 中。

（3）程序调试。把工件坐标系的 Z 值朝正方向平移 50mm，方法是在工件坐标系参数 G54（EXT）中输入 50，按下启动键，适当降低进给速度，检查刀具运动是否正确。

（4）工件加工。把工件坐标系参数 G54（EXT）的 Z 值恢复原值，将进给速度调到低挡，按下启动键。机床加工时，适当调整主轴转速和进给速度，保证加工正常。

（5）二次安装。平口虎钳内垫上量块，以已加工表面与两侧面定位，加工原点设在底面中心，分别对 X、Y、Z 向进行对刀，将数据输入到 G55 中。

（6）工件测量。程序执行完毕后，返回到设定高度，机床自动停止。除测量尺寸外，必须用百分表检查工件上表面的平面度是否在要求的范围内。

（7）结束加工。松开夹具，卸下工件，清理机床。

3. 注意事项

（1）刀具半径补偿方面。在大平面加工过程中，如果是一个敞开边界的大平面铣削，就没必要加入刀具的半径补偿功能，可以直接用刀具的中心按图样尺寸编写程序。

（2）行切编程方面。在行切过程中，粗加工时为提高工作效率，采取双向工作进给；精加工时为提高零件的表面质量，采取单向工作进给。

（3）刀具和夹具方面。刀片装夹后要进行对比检验，对比和调换前的刀片尺寸，可直接在机床上测量，也可以到对刀仪上测量。

 项目评价

评分表见表 1-10。

表 1-10 评分表

			评分表				
	姓名				学号		
序号	项目	检测内容		占分	评分标准	实测	得分
1	平面高度	$50_{-0.1}^{0}$	尺寸	30	超差酌情扣分		
2	平面	长、宽	尺寸	10	超差酌情扣分		
3	粗糙度	$Ra3.2$		15	超差酌情扣分		
4	平行度	// 0.04 A		15	超差酌情扣分		
5	文明生产	发生重大安全事故 0 分；按照有关规定每违反一项从总分中扣除 10 分					
6	其他项目	工件必须完整，工件局部无缺陷（如夹伤、划痕等），每项扣 5 分					
7	程序编制	程序 30 分，程序中严重违反工艺规程的 0 分；其他问题酌情扣分					
8	加工时间	总时间 180min，时间到机床停电，交零件，超时酌情扣分					
合计							
操作时间		开始: 时 分；结束: 时 分					
记录员		监考员		检验员		考评员	

拓展练习

1. 填空题

（1）数控机床常见分类方法有_____种。

（2）电火花线切割机是数控_____加工机床。

（3）装有刀库和自动换刀装置的数控机床就是_____。

（4）数控冲床是_____控制数控机床种类之一。

（5）低档次数控机床大多数为_____环控制数控机床。

（6）_____环控制数控机床是指这类机床在旋转部件上装有检测反馈装置。

（7）数控机床的核心装置是_____。

（8）数控机床的主轴箱、床身是数控机床组成部分中的_____。

（9）数控机床装配顺序的一般原则为：_____，先内后外，_____，先重大后轻小，先精密后一般。

2. 判断题

（1）数控机床的分类方法与普通机床相同。（　　　）

（2）点位控制数控机床只控制刀具的终点坐标。（　　　）

（3）开环控制数控机床就是在机床移动部件上设有检测反馈装置。（　　　）

（4）闭环控制数控机床加工精度高。（　　　）

（5）低档数控机床应装配高档数控系统。（　　　）

3. 编写程序

有一平面类零件（图 1-41）需要加工，已知经过加工的毛坯尺寸为 70mm×100mm×15mm，材料为铸铝，试编写零件上平面加工程序，零件厚度 10mm。

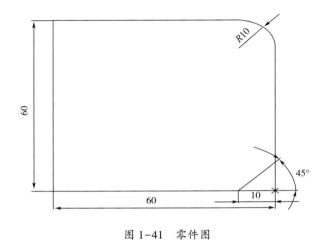

图 1-41　零件图

项目二 加工轮廓零件

学习目标

1. 能正确分析和拟定轮廓数控铣削加工工艺
2. 能正确选择加工轮廓零件的数控铣削刀具
3. 能正确选择加工轮廓零件的数控铣削加工夹具，并确定装夹方案
4. 能正确选择合适的切削用量与机床
5. 能编制数控铣削加工工艺文件
6. 编程指令：G02、G03、G41、G42、G40、G43、G44、G49
7. 能依据刀具半径补偿指令编制轮廓铣削加工程序
8. 使用宇龙仿真软件验证程序，并按图纸要求加工出零件
9. 能对加工后零件进行质量评价和分析

项目导读

如图 2-1 所示，材料为 45 退火钢，毛坯尺寸为 175mm ×135mm ×6mm 板料，制定该零件数控铣削加工工艺，编制铣削加工程序并仿真，完成零件的数控铣削加工。

相关知识

一、数控机床坐标系

1. 机床坐标系确定原则（JB3052—82 标准）

（1）刀具相对静止工件而运动的原则。

（2）标准坐标（机床坐标）系的规

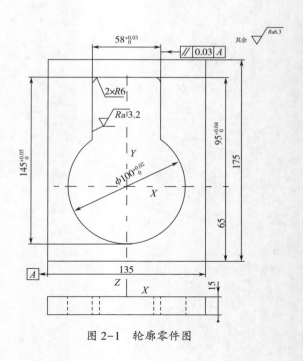

图 2-1 轮廓零件图

定。用右手笛卡尔直角坐标系，规定了 X、Y、Z 三个坐标轴的方向；用右手螺旋法规定了 A、B、C 三个旋转坐标的方向（图 2-2）。

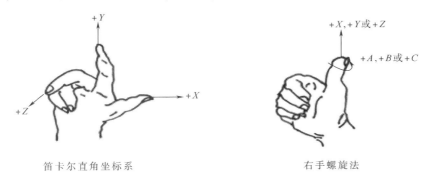

笛卡尔直角坐标系　　　　　　　　　　　　右手螺旋法

图 2-2　笛卡尔直角坐标系与右手螺旋法

（3）运动的正方向。增大刀具与工件之间距离的方向。

2. 机床坐标系

机床坐标系是机床上固有的坐标系。

（1）Z 坐标。Z 坐标的运动方向是由传递切削动力的主轴所决定的，即平行于主轴轴线的坐标轴即为 Z 坐标，Z 坐标的正向为刀具离开工件的方向。

（2）X 坐标。X 坐标平行于工件的装夹平面，一般在水平面内。确定 X 轴的方向时，要考虑两种情况：①如果工件做旋转运动，则刀具离开工件的方向为 X 坐标的正方向；②如果刀具做旋转运动，则分为两种情况：Z 坐标水平时，观察者沿刀具主轴向工件看时，+X 运动方向指向右方；Z 坐标垂直时，观察者面对刀具主轴向立柱看时，+X 运动方向指向右方。

（3）Y 坐标。在确定 X、Z 坐标的正方向后，可以根据 X 和 Z 坐标的方向，按照右手笛卡尔法和右手螺旋法来确定 Y 坐标轴及其方向。

3. 铣床坐标系

数控铣床坐标系如图 2-3 所示。

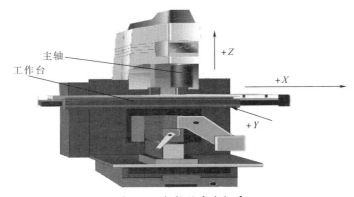

图 2-3　数控铣床坐标系

二、数控铣床工艺装备

相比较普通铣床的工艺装备，数控铣床工艺装备的制造精度更高、灵活性好、适用性更强，一般采用电动、气动、液压甚至计算机控制，其自动化程度更高。合理使用数控铣床的工艺装备能提高零件的加工精度。

1. 数控回转工作台

数控回转工作台可以使数控铣床增加一个或两个回转坐标，通过数控系统实现四坐标或五坐标联动，从而有效地扩大工艺范围，加工更为复杂的工件。数控铣床一般采用数控回转工作台。通过安装在机床工作台上，可以实现 A、B 或 C 坐标运动，但占据的机床运动空间也较大，如图 2-4 所示。

图 2-4　数控回转工作台

2. Z 轴对刀器

Z 轴对刀器主要用于确定工件坐标系原点在机床坐标系的 Z 轴坐标，或者说是确定刀具在机床坐标系中的高度。Z 轴对刀器有光电式（图 2-5）和指针式等类型，通过光电指示或指针，判断刀具与对刀器是否接触，对刀精度一般可达（100.0±0.0025）mm，对刀器标定高度的重复精度一般为 0.001~0.002mm。对刀器带有磁性表座，可以牢固地附着在工件或夹具上。Z 轴对刀器高度一般为 50mm 或 100mm。

图 2-5　光电式
Z 轴对刀器

Z 轴对刀器的使用方法如下：

（1）将刀具装在主轴上，将 Z 轴对刀器吸附在已经装夹好的工件或夹具平面上。

（2）快速移动工作台和主轴，让刀具端面靠近 Z 轴对刀器上表面。

（3）改用步进或电子手轮微调操作，让刀具端面慢慢接触到 Z 轴对刀器上表面，直到 Z 轴对刀器发光或指针指示到零位。

（4）记下机械坐标系中的 Z 值数据。

（5）在当前刀具情况下，工件或夹具平面在机床坐标系中的 Z 坐标值为此数据值再减去Z轴对刀器的高度。

（6）若工件坐标系Z坐标零点设定在工件或夹具的对刀平面上，则此值即为工件坐标系Z坐标零点在机床坐标系中的位置，也就是Z坐标零点偏置值。

3. 寻边器

寻边器主要用于确定工件坐标系原点在机床坐标系中的X、Y零点偏置值，也可测量工件的简单尺寸。它有偏心式［图2-6（a）］、回转式［图2-6（b）］和光电式［图2-6（c）］等类型。

偏心式、回转式寻边器为机械式构造。机床主轴中心距被测表面的距离为测量圆柱的半径值。

光电式寻边器的测头一般为10mm的钢球，用弹簧拉紧在光电式寻边器的测杆上，碰到工件时可以退让，并将电路导通，发出光讯号。通过光电式寻边器的指示和机床坐标位置可得到被测表面的坐标位置。利用测头的对称性，还可以测量一些简单的尺寸。

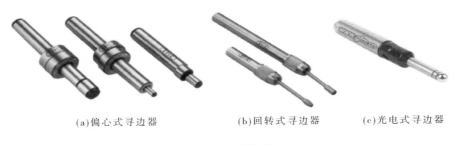

(a)偏心式寻边器　　　　(b)回转式寻边器　　　　(c)光电式寻边器

图2-6　寻边器

4. 夹具

在数控铣削加工中使用的夹具有通用夹具、专用夹具、组合夹具以及较先进的工件统一基准定位装夹系统等，主要根据零件的特点和经济性选择使用。

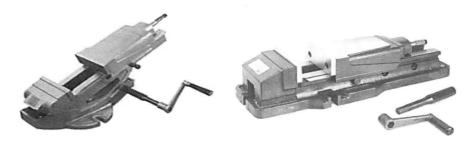

图2-7　内藏式液压角度虎钳、平口虎钳

（1）通用夹具。通用夹具具有较大的灵活性和经济性，在数控铣削中应用广泛。常用的各种机械虎钳或液压虎钳，如图2-7所示，为内藏式液压角度虎钳、平口虎钳。

（2）组合夹具。组合夹具是机床夹具中一种标准化、系列化、通用化程度很高的新型工艺装备。它可以根据工件的工艺要求，采用搭积木的方式组装成各种专用夹具，如图 2-8 所示。

组合夹具的特点：灵活多变，为生产迅速提供夹具，缩短生产准备周期；保证加工质量，提高生产效率；节约人力、物力和财力；减少夹具存放面积，改善管理工作。

组合夹具的不足之处：比较笨重，刚性也不如专用夹具好，组装成套的组合夹具必须有大量元件储备，开始投资的费用较高。

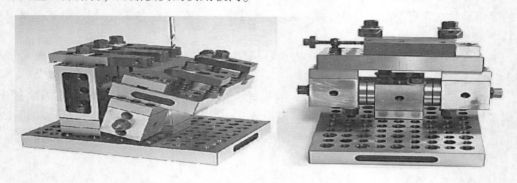

图 2-8　组合夹具的使用（钻孔、铣削）

5. 数控刀具系统

（1）刀柄。数控铣床使用的刀具通过刀柄与主轴相连，刀柄通过拉钉和主轴内的拉刀装置固定在轴上，由刀柄夹持传递速度、扭矩。数控铣床刀柄一般采用 7：24 锥面与主轴锥孔配合定位，这种锥柄不自锁，换刀方便，与直柄相比有较高的定心精度和刚度。数控铣床的通用刀柄分为整体式和组合式两种。为了保证刀柄与主轴的配合与连接，刀柄与拉钉的结构和尺寸均已标准化和系列化，在我国应用较为广泛的是 BT40 和 BT50 系列刀柄和拉钉，如图 2-9、图 2-10 所示。相同标准及规格的加工中心用刀柄也可以在数控铣床上使用，其主要区别是数控铣床所用的刀柄上没有供换刀机械手夹持的环形槽。

图 2-9　数控铣床的刀柄和拉钉

图 2-10　数控铣床的通用刀柄

（2）数控铣削刀具。与普通铣床的刀具相比较，数控铣床刀具制造精度更高，要求高速、高效率加工，刀具使用寿命更长。刀具的材质选用高强高速钢、硬质合金、立方氮化硼、人造金刚石等，高速钢、硬质合金采用 TiC 和 TiN 涂层及 TiC-TiN 复合涂层来提高刀具使用寿命。在结构形式上，采用整体硬质合金或使用可转位刀具技术。主要的数控铣削刀具种类如图 2-11 所示。数控铣削刀具种类和尺寸一般根据加工表面的形状特点和尺寸选择，具体选择如表 2-1 所示。

（a）硬质合金涂层立铣刀和可转位球刀、面铣刀等　　（b）整体硬质合金球头铣刀

（c）硬质合金可转位立铣刀

（d）硬质合金可转位三面刃铣刀

（e）硬质合金可转位螺旋立铣刀　　　　（f）硬质合金锯片铣刀

图 2-11　数控铣削刀具

表 2-1　　　　　　　　　　　　铣削加工部位及所使用铣刀的类型

序号	加工部位	可使用铣刀类型	序号	加工部位	可使用铣刀类型
1	平面	可转位平面铣刀	9	较大曲面	多刀片可转位球头铣刀
2	带倒角的开敞槽	可转位倒角平面铣刀	10	大曲面	可转位圆刀片面铣刀
3	T 形槽	可转位 T 形槽铣刀	11	倒角	可转位倒角铣刀
4	带圆角开敞深槽	加长柄可转位圆刀片铣刀	12	型腔	可转位圆刀片立铣刀
5	一般曲面	整体硬质合金球头铣刀	13	外形粗加工	可转位玉米铣刀
6	较深曲面	加长整体硬质合金球头铣刀	14	台阶平面	可转位直角平面铣刀
7	曲面	多刀片可转位球头铣刀	15	直角腔槽	可转位立铣刀
8	曲面	单刀片可转位球头铣刀			

（3）刀具的装卸。数控铣床采用中、小尺寸的数控刀具进行加工时，经常采用整体式或可转位式立铣刀进行铣削加工，一般使用 7：24 莫氏转换变径夹头和弹簧夹头刀柄来装夹铣刀。不允许直接在数控机床的主轴上装卸刀具，以免损坏数控机床的主轴，影响机床的精度。铣刀的装卸应在专用卸刀座上进行，如图 2-12 所示。

三、轮廓加工的进给路线

在轮廓加工中，进给路线对零件的加工精度和表面质量有直接的影响，下面针对轮廓铣削方式中常见的几种轮廓形状来介绍进给路线的确定。

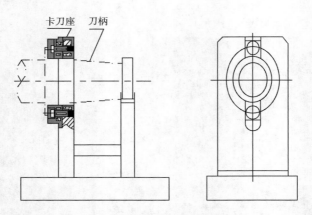

图 2-12 卧式装刀卸刀座示意图

1. 铣削外轮廓的进给路线

铣削零件外轮廓表面时，一般采用立铣刀侧刃切削。刀具切入零件时，应避免沿零件外轮廓的法向切入，以避免在切入处产生刀具的刀痕。应沿切削起始点延长线 [图 2-13（a）] 或切线 [图 2-13（b）] 方向逐渐切入工件，保证零件曲线的平滑过渡。同样，在切离工件时，也应避免在切削终点处直接抬刀，要沿着切削终点的延长线或切线方向逐渐切离工件。

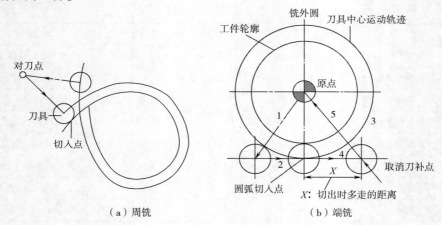

（a）周铣　　　　　　　　　（b）端铣

图 2-13 刀具切入和切出外轮廓进给路线

2. 铣削内轮廓的进给路线

铣削封闭的内轮廓表面时，与铣削外轮廓一样，刀具同样不能沿零件外轮廓的法向切入和切出。此时，刀具可以沿一过渡圆弧切入和切出工件轮廓。图 2-14 所示为铣削内圆的进给路线。

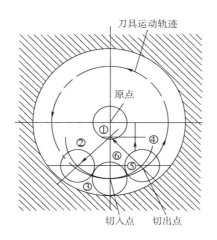

图 2-14 刀具切入和切出内轮廓进给路线

四、常见轮廓的加工方案

1. 筋板类

加工此类零件 [图 2-15 （a）] 可用面铣刀或立铣刀。它的特点是刀具一次进给即可完成一层的切削，加工中只需控制零件的高度。一般精加工前要留有一定的余量，最后进行精加工，以达到所需的尺寸精度及表面粗糙度。一般精加工余量为 0.05 ~ 0.1mm。加工中注意顺、逆铣的应用。

2. 外轮廓类

加工此类零件 [图 2-15 （b）] 要用立铣刀。此类零件的特点是台阶处没有精度要求，只要求侧面尺寸。在半精加工中，侧面要留有精加工余量。余量的大小及精加工的尺寸可用改变刀具半径补偿的方法调节。为保证顺铣，主轴顺时针旋转时，刀具要沿工件外廓顺时针进给。

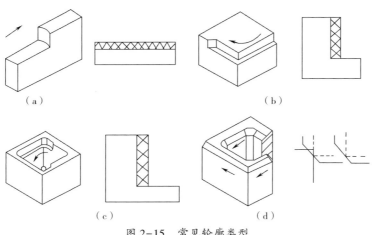

图 2-15 常见轮廓类型

3. 内轮廓类

加工内轮廓侧壁［图2-15（c）］与加工外轮廓类似，也要留有精加工余量。为保证顺铣，刀具要沿内廓表面逆时针运动。

4. 倒角类

倒角［图2-15（d）］是一种常见的加工内容。为保证倒角边的光整性，倒角刀具的小端刀尖要在工件外。一般在刀具斜边上取一参考点，该点距刀具底边为1mm，以通过该点的假想立铣刀进行编程，让假想铣刀的刀尖下降到工件表面下倒角宽度外，按零件侧面及假想刀具半径编程。

5. 固定斜角类

固定斜角平面是指与水平面成一固定夹角的斜面，常用的加工方法有如下几种：

（1）当零件尺寸不大时，可用斜垫铁垫平后进行加工，如图2-16（a）所示。

（2）当机床主轴可以摆动时，可将主轴摆成相应的角度（与固定斜角的角度相关）进行加工，如图2-16（b）所示。

（3）当零件批量较大时，可采用专用的角度成形铣刀进行加工，如图2-16（c）所示。

（4）当以上加工方法均不能实现时，可采用三坐标加工中心，利用立铣刀、球头铣刀或鼓形铣刀，以直线或圆弧插补形式进行分层铣削加工，如图2-16（d）所示，并用其他加工方式（如钳加工）清除残留面积。

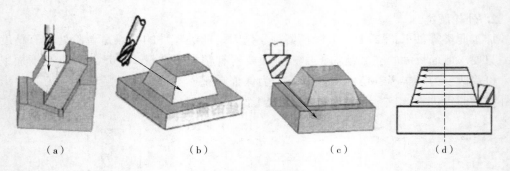

|（a）|（b）|（c）|（d）|

图2-16 固定斜角类

数控铣削外轮廓主要采用端铣刀和立铣刀加工。粗铣的尺寸精度和表面粗糙度一般可达IT10～IT12，$Ra6.3～25\mu m$；精铣的尺寸精度和表面粗糙度一般可达IT7～IT9，$Ra1.6～6.3\mu m$；当零件表面粗糙度要求较高时，应采用顺铣方式。一般经济精度平面轮廓的加工方法见表2-2。

表 2-2 经济精度平面加工方法

序号	加工方法	经济精度级	表面粗糙度 Ra 值/μm	适用范围
1	粗铣—精铣或 粗铣—半精铣—精铣	IT7~IT9	6.3~1.6	一般不淬硬平面
2	粗铣—精铣—刮研或 粗铣—半精铣—精铣—刮研	IT6~IT7	1.6~0.4	精度要求较高的不淬硬平面
3	粗铣—精铣—磨削	IT7	1.6~0.4	精度要求高的淬硬平面或不淬硬平面
4	粗铣—精铣—粗磨—精磨	IT6~IT7	0.8~0.2	
5	粗铣—半精铣—拉	IT7~IT8	1.6~0.4	大量生产，较小的平面（精度视拉刀精度而定）
6	粗铣—精铣—磨削—研磨	IT6 级以上	0.2~0.05	高精度平面

五、工件对刀

零件装夹固定在机床工作台上后，须在工件上建立工件坐标，并找出工件坐标原点的坐标，输入给机床控制系统，这样工件才能与机床建立起运动关系。在建立工件坐标系时，往往只需确定工件坐标系的原点，其坐标系的方向与机床的 X、Y 轴的方向相同。确定工件坐标系原点的过程通常又称为对刀。对刀的目的是通过刀具或对刀工具确定工件坐标系与机床坐标系之间的空间位置关系，并将对刀数据输入到相应的存储位置。它是数控加工中最重要的操作内容，其准确性将直接影响零件的加工精度。

1. 用寻边器对刀（X 轴和 Y 轴）

用寻边器（图 2-17）只能确定 X 轴、Y 轴方向的机床坐标值，而 Z 轴方向只能通过刀具或刀具与 Z 轴设定器配合来确定。

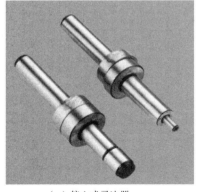

（a）偏心式寻边器　　　　　　　　（b）光电式寻边器

图 2-17 寻边器

使用光电式寻边器寻边时，当寻边器 $S\Phi10$ 球头与工件侧面的距离较小时，手摇脉冲发生器的倍率旋钮应选择"×10"或"×1"，且一个脉冲、一个脉冲地移动，到出现发光或蜂鸣时应停止移动（此时光电寻边器与工件正好接触，记录下当前位置的机床坐标值或相对坐标归零）。在退出时应注意其移动方向，如果移动方向发生错误会损坏寻边器，导致寻边器歪斜而无法继续准确使用。一般可以先沿"+Z"移动退离工件，然后再作 X 轴、Y 轴方向移动，如图 2-18 所示。使用光电式寻边器对刀时，在装夹过程中就必须把工件的各个面擦干净，不能影响其导电性。

使用偏心式寻边器的对刀过程如图 2-19、图 2-20 所示。图 2-20（a）所示为偏心式寻边器装入主轴没有旋转时；图 2-20（b）所示为主轴旋转时转速为 200~300r/min。转速不能超过 500r/min 以上，否则会在离心力的作用下把偏心式寻边器中的拉簧拉坏而引起偏心式寻边器损坏，寻边器的下半部分在内部拉簧的带动下一起旋转，在没有到达准确位置时出现虚像；图 2-20（c）所示为移动到准确位置后上下重合，此时应记录下当前位置的机床坐标值或相对坐标清零；图 2-20（d）所示为移动过头后的情况，下半部分没有出现虚像。初学者最好使用偏心式寻边器对刀，因为移动方向发生错误不会损坏寻边器。另外在观察偏心式寻边器的影像时，不能只在一个方向观察，应在互相垂直的两个方向进行。

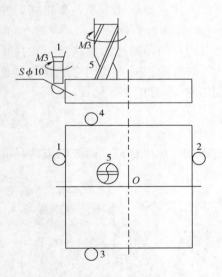

图 2-18　光电式寻边器对刀

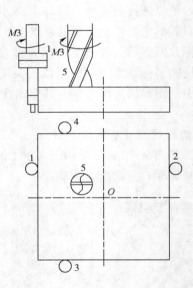

图 2-19　偏心式寻边器对刀

2. 用 Z 轴定向器对刀（Z 轴）

在对刀的过程中，将设定器放置于机台或工件的表面，移动刀具接触测量表面，小心阅读测定仪数字，当测定仪指示为 0 时，刀具与机台或工件的基准距离为 50mm，如图 2-21 所示。

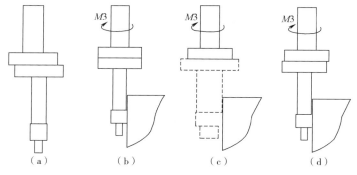

（a）　　　（b）　　　（c）　　　（d）

图 2-20　偏心式寻边器对刀过程

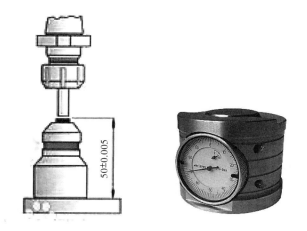

图 2-21　Z 向对刀

六、圆弧插补指令——G02、G03（顺时针、逆时针）

1. 顺、逆时针圆弧的判别法（图 2-22）

2. 格式

在 *XY* 平面内 G17：G02　X－　Y－　I－　J－　F－；
或 G02　X－　Y－　R－　F－；。

（*XY* 终点位置）（I－J－圆心坐标相对起点增量值）

在 *ZX* 平面内 G18：G03　X－　Z－　I－　K－　F－；
或 G03　X－　Z－　R－　F－；。

在 *YZ* 平面内 G19：G02　Y－　Z－　J－　K－　F－；
或 G02　X－　Z－　R－　F－；（注：R 为圆弧半径）。

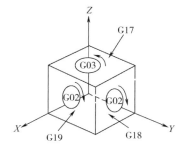

图 2-22　圆弧顺逆的判别

3. 实例（图 2-23）

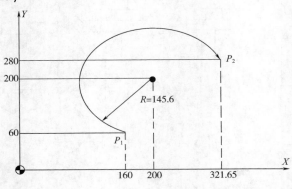

图 2-23　圆弧编程

试写出 P$_1$—P$_2$ 圆弧的加工程序段（边讲边写：R 方式编写）。

思考题：P$_2$—P$_1$ 圆弧的加工程序段怎样书写？整圆程序段怎样书写？

七、G04——暂停指令

G04 指令编入程序后，在 G04 指令后的一个程序段将按指定时间被延时执行。

编程格式：G04 X/P

式中：X、P 均为暂停时间，范围为 0.001～9999.999s，其中字母 X 后可用小数点编程，而字母 P 则不允许用小数点编程，其后数字 1000 表示 1s。

例如：暂停时间为 2.5s 的程序为：G04　X2.5 或 G04　P2500

八、刀具半径补偿指令 G40、G41、G42

1. 概述

为什么为要进行半径补偿？（举例说明）

使用"刀具半径补偿指令"时，有利于编制零件加工程序时不需计算刀具中心运动轨迹，只需按零件轮廓编程、人工输入刀具半径值，即可保证正确的加工轨迹，如图 2-24 所示。

左偏刀具半径补偿（G41 指令）：面朝与编程路径一致的方向，刀具在工件的左侧，则用该指令补偿。

右偏刀具半径补偿（G42 指令）：面朝与编程路径一致的方向，刀具在工件的右侧，则用该指令补偿。

2. 格式

G01（或 G00）G41（或 G42）　　　X　　　Y　　　D—；左偏（右偏）补偿…

…

G01（或 G00）G40　　　　　　　　　X　　　Y；刀具半径补偿撤销

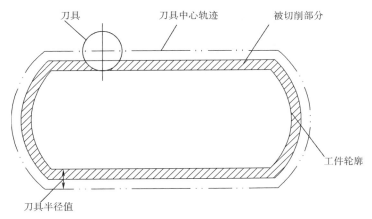

图 2-24 刀具中心轨迹与切削加工轨迹的关系图

3. 编程中几个需要注意的问题

（1）G41（或 G42）与 G40 在程序中要成对出现。

（2）零件编程原点的确定。通常铣削件的编程原点选在零件的上表面，如果是对称的，可选在对称几何中心上；非对称的应选在基准面上，即零件左下角。

（3）起刀点、下刀点与退刀点。数控铣削起刀点应远离零件上表面，以方便装卸零件和防止刀具碰撞；下刀点和退刀点应选在零件轮廓外，以避免刀具与零件发生碰撞或干涉。

（4）刀具半径补偿。半径补偿应在切入前建立，切出时撤销。

（5）刀具的切入与切出。铣削件的切入与切出应在零件外轮廓曲线凸出点切线方向的延长线上。

九、刀具长度补偿指令

1. G43——刀具长度正向补偿（图 2-25）

2. G44——刀具长度负向补偿（图 2-25）

3. G49——撤销刀具长度补偿

格式：G01　G90/G91　G43/G44　Z—　H—；

　　　…

　　　…

　　　G01　G49　Z—；

式中：

Z——建立或撤销刀具长度补偿直线段的终点坐标。

H——长度偏置号，如果偏置值为负时，补偿方向相反。

S——表示程序中指定的点的坐标。

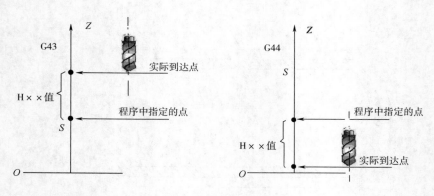

图 2-25　刀具长度补偿

 **项目实施**

轮廓零件图如图 2-1 所示，此零件要求对内轮廓进行铣削，在立式数控铣床上完成零件的加工。

一、掌握工件坐标系的建立

FANUC 系统工件坐标系建立主要有两种：试切对刀法和接触式传感对刀仪对刀法。

试切对刀法：建立工件坐标系采用的是坐标系偏移转换的原理。通过刀具对工件右端外圆和端面的试切削及对所切外圆直径的测量，将刀具试切后所在位置在工件坐标系中的预设坐标值通过机床操作面板手动输入到数控车床相应的刀具补偿单元中，数控系统根据此位置预设的坐标值，经过坐标转换计算，确定工件坐标系原点的位置。其坐标系选择 G54～G59 为模态功能指令，可用 MDI 方式输入，系统自动记忆。

接触式传感对刀仪对刀法：接触式传感对刀仪主要由触头和传感检测装置组成。用接触式传感对刀仪对刀时，将刀具的刀尖接触对刀仪触头，传感检测装置经过检测和坐标转换计算，自动将结果存入数控系统相应的单元中，从而建立工件坐标系，并同时设定刀具位置补偿值。用对刀仪对刀操作后，方可使用该刀具进行加工。

二、编写加工程序

（1）设定编程原点，一次安装，选择毛坯上表面 $\Phi100$ 圆心为坐标系原点，加工坐标系设在 G54 上。

（2）参考程序见表 2-3。

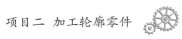

表 2-3		数控加工参考程序（预钻孔）				
程序卡	编程原点	上表面 Φ100 圆心		编写日期		
	零件名称	轮廓	零件图号	材料	45 钢	
	车床型号	KVC650	夹具名称	平口虎钳	实训车间	
程序数	1			数控系统	FANUC 0i-MC	
序号	程序			简要说明		
	O0001			程序名		
N10	G54 G40 G49 G80;			选择工件坐标系 G54，取消刀具半径补偿和固定循环功能，主轴安装 Φ63 面铣刀，准备粗铣基准面		
N20	M03 S100;			主轴以 100r/min 速度正转		
N30	G00 Z20;			快速定位到工件上表面 20mm		
N40	X250 Y-118.5;			快速定位到右下角位置		
N50	G43 G01 Z-2 H01 F60;			直线插补下刀 2mm		
N60	G91 X-500;			-X 向铣削，铣削 500mm，第一行切削		
N70	Y63;			+Y 向铣削，铣削 63mm		
N80	X500;			+X 向铣削，铣削 500mm，第二行切削		
N90	Y63;			+Y 向铣削，铣削 63mm		
N100	X-500;			-X 向铣削，铣削 500mm，第三行切削		
N110	Y63;			+Y 向铣削，铣削 63mm		
N120	X500;			+X 向铣削，铣削 500mm，第四行切削		
N130	Y63;			+Y 向铣削，铣削 63mm		
N140	X-500;			-X 向铣削，铣削 500mm，第五行切削		
N150	G00 Z100;			快速定位到工件上表面 100mm		
N160	M05;					
N170	M00;			手动换 Φ125 面铣刀，二次安装，以基准面 A 中心为加工零点		
N180	M03 S150;			主轴以 150r/min 速度正转		
N190	G90 G55 G00 X270 Y-105;			快速定位到右下角位置		
N200	Z100;					
N210	G43 G01 Z50 H02 F80;			直线插补下刀至上平面		
N220	G91 X-540;			-X 向铣削，铣削 540mm，第一行切削		
N230	Y-110;			-Y 向退刀		
N240	X540;			+X 向退刀		
N250	Y215;			+Y 向进刀		
N260	X-540;			-X 向铣削，铣削 540mm，第二行切削		

续表

程序卡	编程原点	上表面 $\Phi100$ 圆心		编写日期	
	零件名称	轮廓	零件图号	材料	45 钢
	车床型号	KVC650	夹具名称	平口虎钳	实训车间	
N270	Y-215;		-Y 向退刀		
N280	X540;		+X 向退刀		
N290	Y320;		+Y 向进刀		
N300	X-540;		-X 向铣削，铣削 540mm，第三行切削		
N310	G90 G00 Z100;		提刀到 Z100		
N320	X0 Y0;				
N330	M05;		主轴停		
N340	M30;		程序结束，返回程序起点		

三、零件加工

将编好的数控程序传到 KVC650 数控铣床，装夹毛坯，建立工件坐标系，设置相关参数，加工零件，主要操作要点如下。

1. 加工准备

（1）阅读零件图，并按毛坯图检查坯料的尺寸。

（2）开机，机床回参考点。

（3）输入程序并检查该程序。

（4）安装夹具，夹紧工件。

（5）准备刀具。

2. 操作过程

（1）X、Y 向对刀。将寻边器装在主轴上，手动移动寻边器沿 X（或 Y）向靠近被测边，轻微接触工件表面，保持 X（或 Y）坐标不变，在 G54 坐标系设置界面中，输入 $X-5$，按测量。

（2）Z 向对刀。采用 Z 轴设定器对刀。安装 $\Phi20$ 立铣刀，手动向下移动刀具，使铣刀的底刃与 Z 轴设定器接触，在 G54 坐标系设置界面中，输入 Z50，按测量。

（3）刀具长度补偿的设定。首先将 $\Phi20$ 立铣刀作为标准刀，设置 $H02 = 0$，把 $\Phi10$ 立铣刀与 $\Phi20$ 立铣刀的长度差值设置为 $H03$。

（4）输入刀具补偿。在步骤（2）的 Z 向对刀时已经完成刀具长度补偿数值的输入，然后需要输入刀具的半径补偿值。粗加工选用 $\Phi20$ 立铣刀时，$D02$ 为 10.2mm，精加工选用 $\Phi10$ 立铣刀，$D03$ 为 5mm。

（5）程序调试。把工件坐标系的 Z 值朝正方向平移 50mm，方法是在工件坐标系参数 G54（EXT）中输入 50，按下启动键，适当降低进给速度，检查刀具运动是否正确。

（6）工件加工。把工件坐标系参数 G54（EXT）的 Z 值恢复原值，将进给速度调到低挡，按下启动键。机床加工时，适当调整主轴转速和进给速度，保证加工正常。

（7）工件测量。程序执行完毕后，返回到设定高度，机床自动停止。除测量尺寸外，必须用百分表检查工件上表面的平面度是否在要求的范围内。

（8）结束加工。松开夹具，卸下工件，清理机床。

3. 注意事项

（1）使用刀具半径补偿时，应避免过切现象。使用刀具半径补偿和去除刀具半径补偿时，刀具必须在所补偿的平面内移动，且移动距离应大于刀具半径补偿值。加工半径小于刀具半径的内圆弧时，进行半径补偿将产生过切削，只有过渡圆角 R 大于等于刀半径尺 R+精加工余量的情况下才能正常切削；铣削槽底小于刀具半径时将产生过切削。

（2）在通常情况下，铣刀不用来直接铣孔，防止刀具崩刃。对于没有型腔的内轮廓的加工，不可以用铣刀直接向下铣削，在没有特殊要求的情况下，一般先加工预制工艺孔。

（3）要注意刀具半径的影响，在 X，Y 向对刀时要根据具体情况加上或减去对刀使用的刀具半径。

 项目评价

评分表见表 2-4。

表 2-4   评分表

评分表						
姓名				学号		
序号	项目	检测内容		占分	评分标准	实测	得分
1	外轮廓	长、宽、高	尺寸	20	超差酌情扣分		
2	内轮廓	长、宽、高	尺寸	20	超差酌情扣分		
3	粗糙度	Ra3.2		15	超差酌情扣分		
4	平行度	// 0.03 A		15	超差酌情扣分		
5	文明生产	发生重大安全事故 0 分；按照有关规定每违反一项从总分中扣除 10 分					
6	其他项目	工件必须完整，工件局部无缺陷（如夹伤、划痕等），每项扣 5 分					
7	程序编制	程序 30 分，程序中严重违反工艺规程的 0 分；其他问题酌情扣分					
8	加工时间	总时间 180min，时间到机床停电，交零件，超时酌情扣分					
合计							
操作时间		开始： 时 分；结束： 时 分					
记录员		监考员		检验员		考评员	

拓展练习

1. 填空题

（1）数控铣削主要适合_____类零件、直纹曲面类零件、立体曲面类零件的加工。

（2）在数控铣床上加工的零件的几何形状是选择刀具类型的主要依据，加工立体曲面类零件，一般采用_____铣刀，加工较大平面时，一般采用_____铣刀。

（3）数控铣削坐标平面选择指令 G17 表示选择_____平面。

（4）数控铣削中 G43 指令为刀具长度正补偿，即将坐标尺寸字与代码中长度补偿的量相加，按其结果进行_____运动。

（5）在数控铣削编程时，使用_____指令后，就可以按工件的轮廓尺寸进行编程，而不需按照刀具的中心线运动轨迹来编程。

（6）数控铣削所用刀柄锥度是_____。

（7）铣削平面轮廓曲线工件时，铣刀半径应_____工件轮廓的最小凹圆半径。

2. 判断题

（1）立铣刀的刀位点是刀具中心线与刀具底面的交点。（　　）

（2）圆弧插补中，对于整圆，其起点和终点相重合，用 R 编程无法定义，所以只能用圆心坐标编程。（　　）

（3）插补运动的实际插补轨迹始终不可能与理想轨迹完全相同。（　　）

（4）数控机床编程有绝对值和增量值编程，使用时不能将它们放在同一程序段中。（　　）

（5）程序段的顺序号，根据数控系统的不同，在某些系统中可以省略。（　　）

3. 编写程序

零件如图 2-26 所示，已知经过加工的毛坯尺寸为 250mm×150mm×60mm，材料为铸铝，试编写加工零件外轮廓的程序。

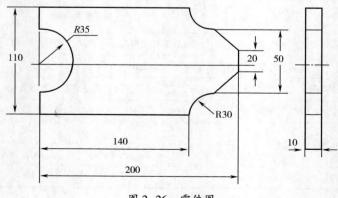

图 2-26　零件图

项目三 加工型芯零件

学习目标

1. 能正确分析和拟定型芯零件数控铣削加工工艺
2. 能掌握数控铣削粗精加工方法
3. 能正确选择合适的切削用量
4. 能编制数控铣削加工工艺文件
5. 掌握数控铣床子程序指令（M98、M99）、镜像功能（G24、G25）
6. 能编制型芯零件数控铣削加工程序
7. 使用宇龙仿真软件验证程序，并按图纸要求加工出零件
8. 能对加工后的零件进行质量评价和分析

项目导读

如图 3-1 所示，材料为铸铝，毛坯尺寸为 200mm×100mm×15mm，制定该型芯零件数控铣削加工工艺，编制型芯零件铣削加工程序并仿真，完成零件的数控铣削加工。

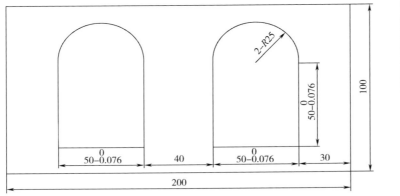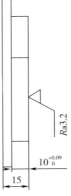

图 3-1　型芯凸台零件图

相关知识

一、加工方法选择及加工方案的确定

1. 加工方法选择

根据零件的种类和加工内容选择合适的数控机床和加工方法。

（1）机床的选择。平面轮廓零件的轮廓多由直线、圆弧和曲线组成，一般在两坐标联动的数控铣床上加工；具有三维曲面轮廓的零件，多采用三坐标或三坐标以上联动的数控铣床。

（2）粗、精加工的选择。经粗铣的平面，尺寸精度可达 IT11~IT13 级（指两平面之间的尺寸），表面粗糙度（或 Ra 值）可达 6.3~25μm。经粗、精铣的平面，尺寸精度可达 IT8~IT10 级，表面粗糙度 Ra 值可达 1.6~6.3μm。

（3）孔的加工方法选择。在数控机床上孔加工的方法一般有钻削、扩削、铰削和镗削等。孔加工方案的确定，应根据加工孔的加工要求、尺寸、具体的生产条件、批量的大小以及毛坯上有无预加孔合理选用。

①加工精度为 IT9 级，当孔径小于 10mm 时，可采用钻→铰加工方案；当孔径小于 30mm 时，可采用钻→扩加工方案；当孔径大于 30mm 时，可采用钻→镗加工方案。工件材料为淬火钢以外的金属。

②加工精度为 IT8 级，当孔径小于 20mm 时，可采用钻→铰加工方案；当孔径大于 20mm 时，可采用钻→扩→铰加工方案，同时也可以采用最终工序为精镗的方案。此方案适用于加工除工件材料为淬火钢以外的金属。

③加工精度为 IT7 级，当孔径小于 12mm 时，可采用钻→粗铰→精铰加工方案；当孔径在 12~60mm 时，可采用钻→扩→粗铰→精铰加工方案。对于加工毛坯已铸出或锻出毛坯孔的孔加工，一般采用粗镗→半精镗→孔口倒角—精镗加工方案。

④孔精度要求较低且孔径较大时，可采用立铣刀粗铣→精铣加工方案。有空刀槽时可用锯片铣刀在半精镗之后、精镗之前铣削完成，也可用镗刀进行单刃镗削，但单刃镗削效率低。

⑤有同轴度要求的小孔，须采用铣平端面→打中心孔→钻→半精镗→孔口倒角→精镗（或铰）加工方案。为提高孔的位置精度，在钻孔工步前须安排锪平端面和打中心孔工步。孔口倒角安排在半精加工之后、精加工之前，以防孔内产生毛刺。

（4）螺纹的加工。螺纹的加工根据孔径大小而定，一般情况下，直径在 M5~M20mm 的螺纹，通常采用攻螺纹的方法加工。直径在 M6mm 以下的螺纹，在数控机床上完成底孔加工后，通过其他手段来完成攻螺纹。因为在数控机床上攻螺纹不能随机控制加工状态，小直径丝锥容易折断。直径在 M25mm 以上的螺纹，可采用镗刀片镗削加工或采用圆弧插补（G02 或 G03）指令来完成。

（5）加工方法的选择原则。在保证加工表面精度和表面粗糙度要求的前提下，尽可能提高加工效率。由于获得同一级精度及表面粗糙度的加工方法一般有许多，因而在实际选择时，要结合零件的形状、尺寸和热处理要求全面考虑。此外，还应考虑生产率和经济性的要求，以及工厂的生产设备等实际情况。

2. 加工方案确定

确定加工方案时，首先应根据主要表面的尺寸精度和表面粗糙度的要求，初步确定为达到这些要求所需要的加工方法，即精加工的方法，再确定从毛坯到最终成型的加工方案。

在加工过程中，工件按表面轮廓可分为平面类和曲面类零件，其中平面类零件中的斜面轮廓又分为有固定斜角和变斜角的外形轮廓面。外形轮廓面的加工，若单纯从技术上考虑，最好的加工方案是采用多坐标联动的数控机床，这样不但生产效率高，而且加工质量好。但由于一般中小企业无力购买这种价格昂贵、生产费用高的机床，因此应考虑采用 2.5 轴控制和 3 轴控制机床加工。

2.5 轴控制和 3 轴控制机床上加工外形轮廓面，通常采用球头铣刀，轮廓面的加工精度主要通过控制走刀步长和加工带宽度来保证。加工精度越高，走刀步长和加工带宽度越小，编程效率和加工效率越低。如图 3-2 所示，球头刀半径为 R，零件曲面上曲率半径为 ρ，行距为 S，加工后曲面表面残留高度为 H。则有：

$$S = 2\sqrt{H(2R-H)} \cdot \frac{\rho}{R \pm \rho} \tag{3-1}$$

式中，当被加工零件的曲面在 ab 段内是凸的时候取 "+" 号，是凹的时候取 "-" 号。

二、切削用量的选择

选用切削用量时，要考虑加工类型、加工要求以及所用设备的刚性和用刀具自身的切削性能。切削用量指背吃刀量、切削速度、进给量等，是数控加工中的关键要素，直接影响加工精度和效率。所以粗加工时，以生产效率优先；半精加工和精加工时，以加工质量为优先，兼顾加工效率和加工成本。

（1）加工余量的选择。为了保证加工要求，需要从加工表面上除去一层材料，即加工

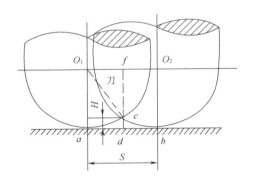

图 3-2 行距的计算图

余量。零件加工余量的大小，应按加工要求来定。余量过大不仅浪费金属，而且还会增加加工时间，增大机床和刀具的负荷，会提高加工成本。但余量过小则不能修正前一工序的各种缺陷、误差，造成局部切削不到位的情况，影响加工质量，甚至还会造成废品。因此，合理地确定加工余量，对确保零件的加工质量、提高生产率、降低成本都有很重要的意义。

零件的工序余量跟毛坯材料、毛坯加工方式和零件部位密切相关，比如零件刀刃粗铣后留加工余量 0.5mm。考虑到零件刀刃比较薄，零件粗铣后余量 0.3～0.5mm。

（2）确定背吃刀量。背吃刀量（a_p）的大小主要受机床、工件和刀具刚度的限

制，其选择原则是在满足工艺要求和工艺系统刚度许可的条件下，选用尽可能大的背吃刀量，以提高加工效率。为保证加工精度和表面粗糙度，应留 $0.3 \sim 0.5\text{mm}$ 的精加工余量。在粗加工时，毛坯上多余材料的切除往往采用层切的方法，这就关系到每层的背吃刀量。

在精加工时，零件的表面粗糙度与背吃刀量（a_p）的选择有直接关系，所以在编程时就必须选择合适的背吃刀量（a_p）和合适的进给速度、合适的主轴转速来提高零件的表面粗糙度。

在此零件的加工中，因为考虑到其材料为铝件所以背吃刀量选择比较大，因此 Z 方向的进给量每次为 $0.5 \sim 1\text{mm}$，粗加工后留下精加工余量为 0.5mm。

（3）确定主轴转速。主要根据允许的切削速度 v_c（m/min）通过表 3-1 选取：

$$n = \frac{1000v_c}{\pi D} \tag{3-2}$$

式中：v_c——切削速度（m/min）；

$\quad\quad n$——主轴转速（r/min）；

$\quad\quad D$——刀具直径（mm）。

根据切削原理可知，切削速度的高低主要取决于被加工零件的精度、材料，刀具的材料和刀具耐用度等因素，可参考表 3-1 选取。

表 3-1 　　　　　　　　　　　　　　　　铣削时切削速度

工件材料	硬度/HBS	切削速度 v_c /（m/min）	
		高速钢铣刀	硬质合金铣刀
铸铁	<190	$21 \sim 36$	$66 \sim 150$
	$190 \sim 260$	$9 \sim 18$	$45 \sim 90$
	$260 \sim 320$	$4.5 \sim 10$	$21 \sim 30$
铝	$70 \sim 120$	$100 \sim 200$	$200 \sim 400$

从理论上讲，v_c 的值越大越好，因为这不仅可以提高生产率，而且可以避免生成积屑瘤的临界速度，获得较低的表面粗糙度值。但实际上由于机床、刀具等的限制，综合考虑选取：

粗铣时 $v_c = 110\text{m/min}$，刀具直径 $D = 12\text{mm}$，代入公式（3-2）得：

$$n_{粗} = 2919.33\text{r/min}$$

精铣时 $v_c = 150\text{m/min}$，代入公式（3-2）得：

$$n_{精} = 3980.8\text{r/min}$$

计算的主轴转速 n 要根据机床有的或接近的转速选取：

$$n_{粗} = 3000\text{r/min} \quad\quad\quad n_{精} = 4000\text{r/min}$$

（4）确定进给速度。切削时的进给速度 F 为切削单位时间内工件与铣刀沿着进给方向的相对位移，它与铣刀的转速 n、铣刀齿数 Z 及每齿进给量 f_z（mm/Z）的关系为：

$$F = f_Z \times Z \times n \tag{3-3}$$

式中：F——进给速度（mm/min）；

f_Z——每齿进给量（mm/Z）；

Z——铣刀齿数。

每齿进给量 f_Z 的选取主要取决于工件材料的力学性能、刀具材料、工件表面粗糙度值等因素，可参考表 3-2 选取。

表 3-2　　　　　　　　　　　　铣刀每齿进给量 f_Z

工件材料	每齿进给量 f_Z /（mm/Z）			
	粗铣		精铣	
	高速钢铣刀	硬质合金铣刀	高速钢铣刀	硬质合金铣刀
铸铁	0.12~0.20	0.15~0.30	0.02~0.05	0.10~0.15
铝	0.06~0.20	0.10~0.25	0.05~0.10	0.02~0.05

综合选取：粗铣 $f_Z = 0.08$mm/z；　　精铣 $f_Z = 0.1$mm/z

上面计算出：$n_粗 = 3000$r/min；　　　$n_精 = 4000$r/min

取铣刀齿数：$Z = 3$

将它们代入公式（3-3）计算得：

$$F_粗 = 720\text{mm/min} \qquad F_精 = 1200\text{mm/min}$$

切削进给速度也可由机床操作者根据被加工工件表面的具体情况进行手动调整，以获得最佳切削状态。其中 v_c 为切削速度，D 为刀具的直径，根据切削原理可知，切削速度的高低主要取决于被加工零件的精度、材料、刀具的材料和刀具耐用度等因素。

表 3-3～表 3-6 为常用刀具加工时切削用量推荐值。

表 3-3　　　　　　　　　　高速钢钻头加工钢件的切削用量

材料强度	$\sigma_b = 520~700$MPa（35 铸铝）		$\sigma_b = 700~900$MPa（15C$_r$、20C$_r$）		$\sigma_b = 1000~1100$MPa（合金钢）	
切削用量	$\dfrac{v_c}{\text{m}\cdot\text{min}^{-1}}$	$\dfrac{f}{\text{mm}\cdot\text{r}^{-1}}$	$\dfrac{v_c}{\text{m}\cdot\text{min}^{-1}}$	$\dfrac{f}{\text{mm}\cdot\text{r}^{-1}}$	$\dfrac{v_c}{\text{m}\cdot\text{min}^{-1}}$	$\dfrac{f}{\text{mm}\cdot\text{r}^{-1}}$
钻头直径　1~6	8~25	0.05~0.1	12~30	0.05~0.1	8~15	0.03~0.08
6~12	8~25	0.1~0.2	12~30	0.1~0.2	8~15	0.08~0.15
12~22	8~25	0.2~0.3	12~30	0.2~0.3	8~15	0.15~0.25
22~50	8~25	0.3~0.45	12~30	0.3~0.45	8~15	0.25~0.35

表 3-4　　　　　　　　　　高速钢铰刀铰孔切削用量

切削用量	$\dfrac{v_c}{\text{m}\cdot\text{min}^{-1}}$	$\dfrac{f}{\text{mm}\cdot\text{r}^{-1}}$	$\dfrac{v_c}{\text{m}\cdot\text{min}^{-1}}$	$\dfrac{f}{\text{mm}\cdot\text{r}^{-1}}$	$\dfrac{v_c}{\text{m}\cdot\text{min}^{-1}}$	$\dfrac{f}{\text{mm}\cdot\text{r}^{-1}}$
铰刀直径　6~10	2~6	0.3~0.5	1.2~5	0.3~0.4	8~12	0.3~0.5
10~15	2~6	0.5~1	1.2~5	0.4~0.5	8~12	0.5~1
15~25	2~6	0.8~1.5	1.2~5	0.5~0.6	8~12	0.8~1.5
25~40	2~6	0.8~1.5	1.2~5	0.4~0.6	8~12	0.8~1.5
40~60	2~6	1.2~1.8	1.2~5	0.5~0.6	8~12	1.5~2

表 3-5　　　　　　　　　　　　　　镗孔切削用量

材料强度		铸铁		钢及其合金		铝及其合金	
工序	刀具材料	$\dfrac{v_c}{\text{m}\cdot\text{min}^{-1}}$	$\dfrac{f}{\text{mm}\cdot r^{-1}}$	$\dfrac{v_c}{\text{m}\cdot\text{min}^{-1}}$	$\dfrac{f}{\text{mm}\cdot r^{-1}}$	$\dfrac{v_c}{\text{m}\cdot\text{min}^{-1}}$	$\dfrac{f}{\text{mm}\cdot r^{-1}}$
粗镗	高速钢	20~25	0.4~1.5	15~30	0.35~0.7	100~150	0.5~1.5
	硬质合金	35~50		50~70		100~250	
半精镗	高速钢	20~35	0.15~0.45	15~50	0.15~0.45	100~200	0.2~0.5
	硬质合金	50~70		95~135			
精镗	高速钢	70~90	DI 级<0.08 D 级 0.12~0.15	100~135	0.12~0.15	150~400	0.06~0.1
	硬质合金						

表 3-6　　　　　　　　　　　　　　攻螺纹切削用量

加工材料	铸铁	钢及其合金	铝及其合金
$v_c/\text{m}\cdot\text{min}^{-1}$	2.5~5	1.5~5	5~15

三、FANUC 铣削编程子程序指令含义、格式

1. M99——子程序结束（或定义）指令

（1）格式：M99。

（2）运用。

　　　　O0010　　　（子程序名）

　　　　…
　　　　…　　　　　（加工程序）

　　　　M99；　　　（子程序结束）

（3）说明。

①子程序中必须有 M99 作为程序结束符。

②子程序可以是整个零件加工程序，也可以是某一形状加工程序。

2. M98——子程序调用指令

（1）格式。M98 P××× XXXX；

子程序号

子程序重复调用次数，只调用一次不写，最多可调用 9999 次。

（2）运用（主程序调用子程序一次）。

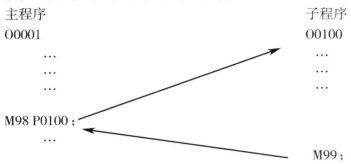

M30；

当主程序调用子程序时，被当作一级子程序调用。子程序调用最多可嵌套 4 级，如图 3-3 所示。

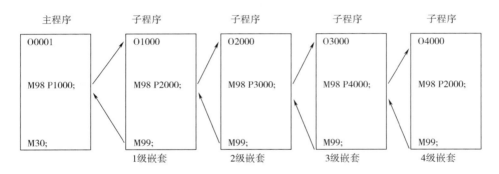

图 3-3　子程序嵌套调用图

（3）应用说明。如果一个程序包含固定顺序或频繁重复的图形，这样的顺序或频繁重复的图形就可以编成子程序存在存储器中以简化编程。

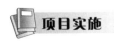 **项目实施**

一、制定加工工艺

1. 分析零件图

如图 3-1 所示，零件材料为铸铝，无热处理要求，硬度偏低。

2. 确定装夹方案、定位基准

根据图样特点，安装工件选用的夹具主要是平口虎钳，同时为了压紧夹具并找正工件，还需螺栓、等高垫铁、百分表等辅助工具。

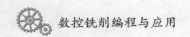

3. 编制工艺文件

加工刀具的确定如表 3-7 所示，加工方案的制定如表 3-8 所示。

表 3-7　　　　　　　　　　刀具卡

实训课题		轮廓零件的编程与加工	零件名称	凸台	零件图号	
序号	刀具号	刀具名称	规格（mm）	数量	加工内容	备注
1	T01	面铣刀	Φ60	1	上表面	
2	T02	立铣刀	Φ16	1	外轮廓	

表 3-8　　　　　　　　　　工序卡

材料	45 钢	零件图号			系统	FANUC	工序号
操作序号	工步内容（走刀路线）	装夹序号	T 刀具	切削用量			
				转速 S（n）/（r/min）	进给速度/F（mm/min）	切削深度/mm	
主程序 1	调用主程序 1 加工（平面加工参考上例）						
（1）	粗精铣上平面	1	T01	400~450	110	0.5~2	
（2）	粗精铣轮廓	1	T02	800~1500	200~300	0.5~2	
（3）	粗精铣凸台	1	T03	800~1500	200~300	0.5~2	
（4）	检测、校核						

二、编制数控程序

（1）设定程序原点。以工件上平面左下角为程序原点建立工件坐标系。

（2）编程计算。计算各节点位置坐标值。

（3）工件参考程序。工件的参考程序如表 3-9 所示。

表 3-9　　　　　　　　　　加工程序卡（供参考）

数控铣床程序卡	编程原点	以工件上平面左下角		编写日期		
	零件名称	平面	零件图号		材料	铸铝
	铣床型号	XK5032	夹具名称	虎钳等	实训车间	数控基地
程序数	1			编程系统	FANUC 0i-MC	
序号	程序			说明		
	主程序 O0010					
N005	G90 G17 G40 G50 G69 G80;			绝对方式，取消各种影响指令		
N010	G54 G00 X0 Y0 Z100;			建立工件坐标系，定起刀点位置		
N020	M03 S3000 T02 M07;			主轴正转，冷却液开		

续表

数控铣床程序卡	编程原点		以工件上平面左下角		编写日期	
	零件名称	平面	零件图号		材料	铸铝
	铣床型号	XK5032	夹具名称	虎钳等	实训车间	数控基地
N030	G00 Z2;			下刀点位置确定		
N040	G00 X0 Y-40;			下刀		
N050	G01 Z0 F720;					
N060	M98 P0001;			调用子程序 1 次加工轮廓 1		
N070	G90 G00 X90;			加工外轮廓定位		
N080	M98 P0001;			再调用子程序 1 次加工轮廓 2		
N090	G90 G00 Z100;			Z 向返回起刀点		
N100	X0 Y0;			X、Y 向返回起刀点		
N110	M05;			停主轴		
N120	M30;			程序结束并返回起始段		
	子程序 O0001					
N010	G91 G01 Z-10 F120;			增量方式进刀		
N020	G41 G01 Y40 D1;			建立刀具半径左补偿		
N030	Y50;			加工直线		
N040	G02 X50 Y0 R25;			加工 R25 圆弧		
N050	G01 Y-50;			加工直线		
N060	X-50;			加工直线		
N070	G40 Y-40;			撤销刀具补偿		
N080	Z20;			退刀		
N090	M99;			子程序结束并返回		

三、零件加工

1. 零件仿真加工
利用仿真软件进行加工并对程序进行修订。

2. 零件实操加工
（1）机床开机准备。
（2）输入程序。
（3）工件安装准备：采用虎钳作为夹具，用标准垫块垫在工件下方，保证毛坯上表面伸出钳口 11~15mm；定位时要利用百分表将工件与机床 X 轴的平行度误差控制在 0.02mm 以内。

（4）安装刀具，建立工件坐标系，对刀操作完成刀具参数设置。

（5）启动程序，自动加工。

（6）停机后，按图纸要求检测工件，对工件进行误差及质量分析。

项目评价

评分表如表 3-10 所示。

表 3-10　　　　　　　　　　　　　评分表

评分表						
姓名				学号		
序号	项目	检测内容		占分	评分标准	实测	得分
1	凸台间距	40mm	尺寸	20	超差酌情扣分		
2	凸台	长、宽、高	尺寸	50	超差酌情扣分		
3	文明生产	发生重大安全事故 0 分；按照有关规定每违反一项从总分中扣除 10 分					
4	其他项目	工件必须完整，工件局部无缺陷（如夹伤、划痕等），每项扣 5 分					
5	程序编制	程序 30 分，程序中严重违反工艺规程的 0 分；其他问题酌情扣分					
6	加工时间	总时间 180min，时间到机床停电，交零件，超时酌情扣分					
合计							
操作时间		开始：　　时　　分；结束：　　时　　分					
记录员		监考员		检验员		考评员	

拓展练习

1. 填空题

（1）数控铣削编程时可将重复出现的程序编成子程序，使用时可以由＿＿＿＿多次重复调用。

（2）数控铣削工序划分中，以一次安装、加工作为一道工序的方法主要适合于加工内容＿＿＿＿的零件，加工完后就能达到行检状态。

（3）铣削加工的切削用量包括：＿＿＿＿、进给速度、背吃刀量和侧吃刀量。

（4）铣削加工中影响切削用量的因素有机床、＿＿＿＿、工件和冷却液等。

（5）M98 P49000 表示调用子程序＿＿＿＿次。

（6）P49000 表示被调用的子程序号是＿＿＿＿。

2. 判断题

（1）切削用量可以根据数控程序的要求来考虑。（　　　）

（2）切削用量三要素是指切削速度、切削深度和主轴转速。（　　）

（3）数控加工路线包括空行程和切削行程两部分。（　　）

（4）零件结构直接影响到刀具的选用。（　　）

（5）切削速度增大时，切削温度升高，刀具耐用度降低。（　　）

（6）精加工余量的均匀性直接影响到工件的表面质量。（　　）

3. 编写程序

零件如图 3-4 所示，已知毛坯尺寸为 120mm×120mm×30mm，材料为铸铝，试编写加工零件的程序。

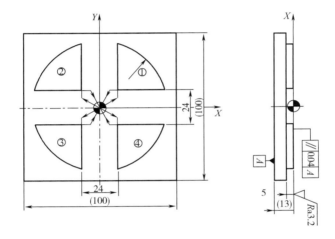

图 3-4　练习零件图

项目四 加工型腔零件

 学习目标

1. 了解数控机床加工工艺的基本特点
2. 掌握型腔类零件数控铣削加工工艺方案编制相关知识
3. 能正确选用铣削工艺装备
4. 能编制型腔类零件铣削加工工艺文件
5. 使用宇龙仿真软件验证程序，并按图纸要求加工出零件
6. 能对加工后零件进行质量评价和分析

项目导读

如图 4-1 所示，材料为 45 钢，毛坯尺寸为 100mm×100mm×30mm，制定该型腔零件数控铣削加工工艺，编制型腔零件铣削加工程序并仿真，完成零件的数控铣削加工。

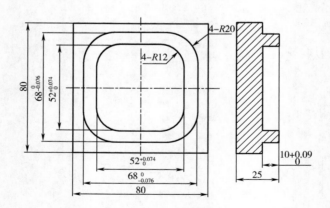

图 4-1　型腔零件图

相关知识

一、数控加工工艺设计内容

在进行数控加工工艺设计时，一般应进行以下几方面的工作：数控加工工艺内容的选择；数控加工的工艺性分析；数控加工工艺路线的设计。

1. 数控加工工艺内容的选择

对于数控机床的使用，应考虑零件的加工内容。通常要考虑零件加工的合理性，其考虑的因素如下：

（1）零件的结构程度是不是复杂，精度要求是不是很高。对于多品种、小批量的生产，往往采用数控加工会降低生产成本和增加经济效益。

（2）机床的性能及其各参数指标，对于零件选择数控机床时也是一个要考虑的主要因素。不同种类的零件选择合适的数控机床加工，才能使得效率最大化，获得更多的经济效益。同时，对于零件加工余量很大的粗加工，应先选择在普通机床上加工，之后再在数控机床上加工获得高的精度。这也是提高机床利用率的有效手段。

2. 零件数控加工的工艺性分析

在确定零件要在数控机床上进行加工前，首先需要对零件图纸进行结构分析，确定其加工工艺过程，应主要从工件装夹的方便性与加工操作的可能性两个角度进行考虑和分析。

（1）分析零件各加工部位的结构工艺是否符合数控加工的特点。一是看零件的尺寸标注，最好采用统一的几何类型和尺寸。因为这样可以减少刀具在选取时考虑更多的规格，并且减少换刀次数，使编程方便；二是要分析零件定位基准选取是否可靠。在加工过程中应尽量采用一致的基准定位，这样可以保证加工精度，否则会因工件的安装定位误差而导致工件加工后的位置误差和形状误差。因此往往需要设置一些辅助基准，或在毛坯上增加一些工艺凸台，如图 4-2 所示。

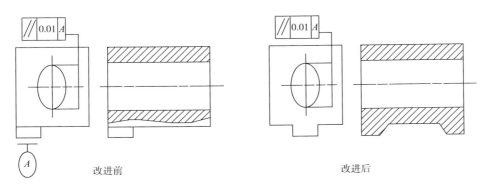

改进前　　　　　　　　　　　　改进后

图 4-2　工艺凸台利用

（2）分析零件工程图纸中的尺寸标注是否基准统一，并且是否符合编程方便的原则。零件图纸中的尺寸标注应简洁、便于读图者更好地理解，并且要符合编程人员的读图习惯。零件上的每一点坐标值都要给定，即对于编程者来说必须充分，因为这是手工编程者需要计算的。如果哪一点有遗漏，则无法继续。而对于自动编程，尤其要对其轮廓进行充分定义。所以，在分析零件工程图时，就要确定各几何元素是否充分。

（3）分析零件工程图中所要求的加工精度（形状和位置公差），确定是否能够得到保证。

3. 零件数控加工的工艺设计过程应遵循的原则

（1）工序最大限度集中、一次定位的原则。对于在数控机床特别是加工中心上加工零件，为了满足其在一次装夹中能完成所有可以加工的工序，应将工序集中。数控机床加工的特点即是工序集中，这样可以减少所需用的机床数量和工件装夹次数，减少重复定位时产生的定位误差，生产率得到提高。对于孔系中同轴度要求很高的零件加工，应在一次安装后，通过顺序连续换刀来完成该同轴孔系的全部加工，然后再加工其他位置的孔，以便消除各种定位误差的影响，提高其同轴度要求。

（2）先粗后精的加工原则。这个原则的应用是在遇到零件的刚度较差、加工精度要求高、深度较深、刀具容易让刀的情况下应该遵循的，即在先进行粗加工之后再进行半精加工、精加工，甚至超精加工。粗加工的特点是要减少走刀次数，缩短生产占用时间。采用大的切削深度、高的进给速度，尽可能地提高机床利用率，使加工效率最大化。但这些前提条件是要在不影响整个工艺系统刚性的情况下才能实现的。也就是说，要满足生产实际。否则，会破坏整个加工系统。而对于精加工，则主要考虑的是零件的表面质量和加工精度，通常情况下，粗加工之后要为精加工留 $0.1 \sim 0.4$mm 的精加工余量，这样，在刀具连续走刀完成的精加工，可以有效地保证零件表面的粗糙度要求。一般在两者之间可以先进行其他表面或孔位的加工，这样可以使粗加工之后零件的变形量得到最大的恢复，而后再进行精加工，可以更有效地提高零件的加工精度。

（3）先近后远、先面后孔的加工原则。一般情况下，距离对刀点近的表面或孔位先加工，距离对刀点远的表面或孔位后加工，这样可以缩短刀具移动距离，也是减少空行程时间的有效方式。对于车削而言，先近后远还有利于保持毛坯件或半成品的刚性，改善其切削条件。先面后孔原则即是按先加工平面后钻孔的顺序进行。因为铣平面时切削力比较大，零件容易发生翘曲变形，先铣面后镗孔，使其可以有一段恢复的时间，这样安排有利于保证孔的加工精度。但有时基准面要比孔的精度要求高，这时，就应综合考虑，分清主次，不可盲目。

（4）先内后外、内外交叉的加工原则。对于一个既有内表面（内型、内腔），又有外表面需要加工的零件，且都有精度要求时，加工顺序的安排，应考虑先加工内表面，后加工外表面；先进行内外表面粗加工，后进行内外表面精加工。这里要牢记的是切不可将某一部分表面全部余量加工完毕后，再加工其他表面。这样容易造成尺寸偏差或不符合图纸要求。

（5）刀具最少调用次数的加工原则。数控机床加工时，为减少换刀次数，缩短空行程时间，应按所用刀具来划分工序和工步，即按刀具集中加工工序的方法加工零件。尽可能用同一把刀具加工完该次装夹下所有可以加工的部分，然后再换下一把刀集中加工，以避免同一把刀具的多次调用、安装。

（6）附件最少调用次数加工原则。即在保证加工质量的前提下，一次调用附件后，每次都最大限度地进行切削加工，以避免同一附件的多次调用、安装，增加不必要的加工时间。

（7）走刀路线最短加工原则。在保证零件加工质量的前提下，使加工程序具有最短的走刀路线，不仅可以缩短加工时间，而且还能减少刀具磨损及其他消耗（如机床导轨轴承、冷却液）。走刀路线的选择主要在于粗精加工及空行程的走刀路径的确定。一般情况下，若能合理选择起刀点、换刀点，合理安排各走刀路径间空行程衔接，都能有效缩短空行程长度。

（8）程序段最少加工原则。程度段越少，刀具选用就少，加工工序就集中，能更多地集中刀具加工零件，减少换刀次数。再有就是程序简洁，一目了然，减少出错的几率，而且能减少程序段输入的时间及机床内存容量的占有数，节省空间。

（9）普通机床加工工序和数控机床加工工序的衔接原则。对于一些余量较大的粗加工和螺纹孔多的零件，其在数控加工工序前后一般都穿插有其他普通机床工序和钳工工序，各工序之间要合理安排，否则会产生不必要的麻烦。最好的措施即是零件在毛坯状态时，在工艺设计人员安排工序内容时，就综合考虑、前后兼顾。例如：前后工序之间，是否有粗精之分，要不要留加工余量，余量留多少合适；基准安排的是不是统一，如果不得不设两个基准，那么这样做前后会不会产生误差，对尺寸精度有什么影响，如何消除等。更多的考虑都是为整个生产做保证。只有这样认真细致地考虑了，那么在零件交检验收后，如果有不合适的地方也有据可循。

4. 数控加工工艺路线的设计

数控加工工艺路线设计与通用机床加工工艺路线设计的主要区别，在于它往往不是指从毛坯到成品的整个工艺过程，而仅是几道数控加工工序工艺过程的具体描述。因此在工艺路线设计中一定要注意到，由于数控加工工序一般都穿插于零件加工的整个工艺过程中，因而要与其他加工工艺衔接好。

（1）工序的划分。根据数控加工的特点，数控加工工序的划分一般可按下列方法进行：

①以一次安装、加工作为一道工序。这种方法适合于加工内容较少的零件，加工完后就能达到待检状态。

②以同一把刀具加工的内容划分工序。

③以加工部位划分工序。对于加工内容很多的工件，可按其结构特点将加工部位分成几个部分，如内腔、外形、曲面或平面，并将每一部分的加工作为一道工序。

④以粗、精加工划分工序。

（2）顺序的安排。顺序的安排应根据零件的结构和毛坯状况，以及定位、安装与夹紧的需要来考虑。顺序安排一般应按以下原则进行：

①上道工序的加工不能影响下道工序的定位与夹紧，中间穿插有通用机床加工工序的也应综合考虑。

②先进行内腔加工，后进行外形加工。

③以相同定位、夹紧方式加工或用同一把刀具加工的工序，最好连续加工，以减少重复定位次数、换刀次数与挪动压板次数。

（3）数控加工工艺与普通工序的衔接。数控加工工序前后一般都穿插有其他普通加工工序，如衔接得不好就容易产生矛盾。

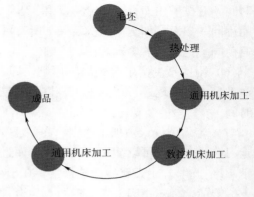

图 4-3　工艺流程

二、数控加工工艺设计方法

选择了数控加工工艺内容和确定了零件加工路线后，即可进行数控加工工序的设计。数控加工工序设计的主要任务是进一步把本工序的加工内容、切削用量、工艺装备、定位夹紧方式及刀具运动轨迹确定下来，为编制加工程序做好准备。

1. 确定走刀路线和安排加工顺序

（1）确定走刀路线时应寻求最短加工路线，如图 4-4 所示零件上的孔系走刀路线，其中图（c）比图（b）的走刀路线短，减少空刀时间，则可节省定位时间近一倍，提高了加工效率。走刀路线就是刀具在整个加工工序中的运动轨迹，它不但包括了工步的内容，也反映出工步顺序。走刀路线是编写程序的依据之一。

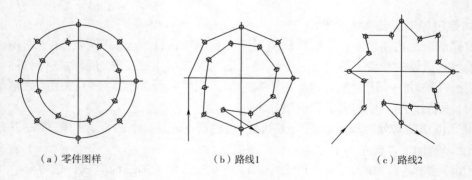

（a）零件图样　　　　　　（b）路线1　　　　　　（c）路线2

图 4-4　最短走刀路线的设计

（2）最终轮廓一次走刀完成。为保证工件轮廓表面加工后的粗糙度要求，最终轮廓应安排在最后一次走刀中连续加工出来。

（3）选择切入切出方向。考虑刀具的进、退刀（切入、切出）路线时，刀具的切出或切入点应在沿零件轮廓的切线上，以保证工件轮廓光滑；应避免在工件轮廓面上垂直上、下刀而划伤工件表面；尽量减少在轮廓加工切削过程中的暂停（切削力突然变化造成弹性变形），以免留下刀痕。

（4）选择使工件在加工后变形小的路线。对横截面积小的细长零件或薄板零件应采用分几次走刀加工到最后尺寸或对称去除余量法安排走刀路线。安排工步时，应先安排对工件刚性破坏较小的工步。

2. 确定定位和夹紧方案

在确定定位和夹紧方案时应注意以下几个问题：

（1）尽可能做到设计基准、工艺基准与编程计算基准的统一。

（2）尽量将工序集中，减少装夹次数，尽可能在一次装夹后能加工出全部待加工表面。

（3）避免采用占机人工调整时间长的装夹方案。

（4）夹紧力的作用点应落在工件刚性较好的部位。

3. 确定刀具与工件的相对位置

对于数控机床来说，在加工开始时，确定刀具与工件的相对位置是很重要的，这一相对位置是通过确认对刀点来实现的。对刀点的选择原则如下：

（1）所选的对刀点应使程序编制简单。

（2）对刀点应选择在容易找正、便于确定零件加工原点的位置。

（3）对刀点应选在加工时检验方便、可靠的位置。

（4）对刀点的选择应有利于提高加工精度。

4. 确定切削用量

确定每道工序的切削用量时，应根据刀具的耐用度和机床说明书中的规定去选择，也可以结合实际经验用类比法确定切削用量。在选择切削用量时要充分保证刀具能加工完一个零件，或保证刀具耐用度不低于一个工作班，最少不低于半个工作班的工作时间。

（1）主轴转速通常比普通机床高。数车精加工可选 1200r/min 以上；数铣可选 800r/min 以上。

（2）进给量。对一般钢材可选 150~250mm/min。

（3）背吃刀量。粗加工比普通机床大，精加工比普通机床小。

①粗加工：数车为 4~10mm（双边），数铣为 2~5mm。

②半精加工：数车为 1~2mm。

③精加工：数车为 0.2~1mm。

三、数控加工工艺特点

（1）由于数控加工工序的集中，因此，数控加工工序的设计应该内容具体、设计严密。不管是手工编程还是自动编程，在编制程序前都要对所加工的零件进行工艺分析，通过分析来拟定加工方案，选择合适的刀具，确定合理的切削用量等。这跟普通机床加工比较，具有加工工序少、所需工装数量少等特点，因此在数控加工中工艺的分析、程序的编制是一项十分重要的工作。

（2）由于数控加工的工序比较集中，所以工件在一次装夹过程中可以完成钻、铣、铰、镗、攻丝等多道工序的加工。因此，数控加工工艺具有"复合性"的特点。这样零件的装夹次数和所用夹具数量就减少了。每件工序的周转时间也缩短了，从而零件加工精度和生产效率也有了较大的提高。

四、数控加工技术文件

填写数控加工专用技术文件是数控加工工艺设计的内容之一。技术文件是对数控加工的具体说明，目的是让操作者更明确加工程序的内容、装夹方式、各个加工部位所选用的刀具及其他技术问题。

（1）数控编程任务书。它是编程人员和工艺人员协调工作和编制数控程序的重要依据之一。

（2）数控加工工件安装和原点设定卡（简称装夹图和零件设定卡）。它应表示出数控加工原点定位方法和夹紧方法，并应注明加工原点设置位置和坐标方向，使用的夹具名称和编号等。

（3）数控加工工序卡。数控加工工序卡与普通加工工序卡有许多相似之处，所不同的是：工序简图中应注明编程原点与对刀点，要进行简要编程说明（如：所用机床型号、程序编号、刀具半径补偿、镜向对称加工方式等）及切削参数。

（4）数控加工走刀路线图。刀具运动的路线（如：从哪里下刀、在哪里抬刀、哪里是斜下刀等）。

（5）数控刀具卡。刀具卡反映刀具编号、刀具结构、尾柄规格、组合件名称代号、刀片型号和材料等。

五、数控加工的走刀路线设计原则

数控切削加工过程中刀位点相对于被加工零件的运动轨迹和运动方向，包括刀具的走刀路径及切入、切出、返回等不加工的空行程。走刀路线的设计是编制程序时必须考虑的原则之一。

1. 走刀路线的设计原则

（1）表面粗糙度和加工精度保证原则。应采用单向接近或者分级降速接近定位点的方法，以减少传动系统和测量系统误差对定位精度的影响。同时，为保证轮廓表面加工的粗糙度要求，最终轮廓表面应安排一次连续精加工走刀加工出来。

（2）路线最短原则。加工路线的长短，在批量生产中，对提高生产效率尤为重要。

（3）顺铣、逆铣合理选用原则。通常情况下，数控机床采用滚珠丝杠，运动间隙很小，应优先选用顺铣加工，这样可以提高表面光洁度，减小对机床功率的要求，延长刀具寿命。

（4）加工变形最小原则。对工件刚性破坏较小的加工，应安排在一次装夹的后面工步加工。

（5）工作量最少原则。在编制程序时，应使计算最简单和减少程序段，以减少编程工作量。

（6）循环加工次数最少原则。这要根据工件的形状、结构、加工余量、机床系统的刚度等情况决定。

（7）刀具的切入与切出的方向最优原则。这里可以采用单向趋近的定位方法，可以有效避免自传动系统反向间隙产生的定位误差。这时的路线要认真细致地考虑，尽量减少接刀痕迹。在切削加工过程中，刀具避免与工件轮廓发生干涉。

2. 铣削加工中走刀路线的设计要点

（1）在铣削零件外轮廓时（图 4-5），对于刀具切入和切出工件以及进刀和退刀的坐标点，一定要进行合理的设计，这都是为保证零件表面质量、减少接刀痕迹、减少空行程时间所做的考虑。这时，一般采用直柄立铣刀的侧刃来进行铣削，沿零件外轮廓的延长线上切向切入，避免沿法向切入和进给过程中中途停顿，不要在连续相切的轮廓中安排切入和切出或换刀及停顿，避免因切削力突然变化而造成弹性变形，使得轮廓表面上产生划伤、形状变化或刀痕滞留等疵病。退刀时应注意不要从工件的轮廓外直接退刀，应沿零件外轮廓延长线的切向逐渐切离工件。

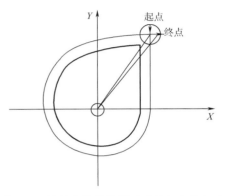

图 4-5　铣削零件外轮廓时刀具切入和切出

（2）对于零件的封闭内轮廓表面加工，也应该注意刀具切入和切出时的走刀路径。同样要注意提高加工精度和减少表面粗糙度。图 4-6 所示为铣内腔的 3 种加工路线。图（a）为用行切法加工内腔，其加工走刀路线最短，但表面粗糙度最差；图（b）为环切法加工内腔，其表面粗糙度最好，但加工走刀路线最长，增加了不必要的加工时间；图（c）为采用综合法加工内腔，即先采用图（a）方法粗加工，最终轮廓采用图（b）方法沿轮廓精铣一周，使内腔轮廓表面光整，也容易保证内腔侧面达到所要求的表面粗糙度，而其加工走刀路线介于前两种方法之间，所以综合法的加工路线方案最为合理。

（a）行切法　　　　　　（b）环切法　　　　　　（c）综合法

图 4-6　铣内腔的三种加工路线

（3）对于整圆的加工，包括内圆和外圆。当即将进入整圆开始加工时，要沿选取进入点的大约相切方向切入，同时切入时不要使刀具停留。在铣削完毕后，同样不要在切

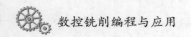

点处直接退刀，应让刀具沿切线方向多运动一段距离，以避免取消刀具补偿时刀具与工件表面发生碰撞，如图 4-7 和图 4-8 所示。

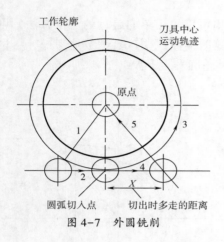

图 4-7　外圆铣削

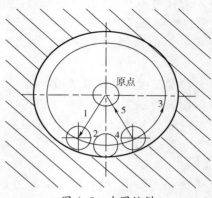

图 4-8　内圆铣削

（4）对于铣削方式的选择，要根据工件材料、工件表面状态等因素综合考虑，通常情况下选择顺铣这种铣削方式可以提高 35% 左右的切削速度，节省机床 4%~7% 的功率，改善 1~2 级粗糙度，延长刀具寿命，但要求机床具有消除传动间隙的机构。如果采用逆铣加工方式，刀具磨损较快，表面加工质量较差。但是对于表面有硬皮的工件（如焊点），应采用逆铣的加工路线进行加工，可以有效避免刀具崩刃情况的发生。

（5）对于零件上直线与圆弧的连接处的加工，容易由于刀具的原因产生"过切"现象。为避免这种现象的发生，最好在确定进给路线前，就考虑刀具的选择，尽量选用直径小一些的刀具，事先在零件轮廓拐角处给定较小的进给速度，即进给修调的方式，这样可以有效避免连接处的"过切"现象。或者可以采用事后修补的方式来消除这种现象。总之，任何现象的产生都是由于在工艺设计之初欠考虑导致的，或者工艺设计人员经验欠缺所致。所以，一个好的工艺设计人员的培养是不可一蹴而就的。

 **项目实施**

一、制定加工工艺

1. 分析零件图
如图 4-1 所示，零件材料为 45 钢，无热处理和硬度要求。

2. 确定装夹方案、定位基准
根据图样特点，安装工件选用的夹具主要是平口虎钳，同时为了压紧夹具并找正工件，还需螺栓、等高垫铁、百分表等辅助工具。

3. 编制工艺文件

加工刀具的确定如表4-1所示，加工方案的制定如表4-2所示。

表4-1　　　　　　　　　　　刀具卡

实训课题		轮廓零件的编程与加工	零件名称	凸台	零件图号	
序号	刀具号	刀具名称	规格	数量	加工内容	备注
1	T01	面铣刀	Φ60	1	上表面	
2	T02	键槽铣刀	Φ12	1	外轮廓	

表4-2　　　　　　　　　　　工序卡

材料	45钢	零件图号		系统	FANUC	工序号	
操作序号	工步内容（走刀路线）	装夹序号	T刀具	切削用量			
				转速 $S\,(n)\,/$（r/min）	进给速度 $F/$（mm/min）	切削深度/mm	
主程序1	调用主程序1加工（平面加工参考上例）						
（1）	粗精铣上平面	1	T01	400~450	110	0.5~2	
（2）	粗精铣轮廓	1	T02	800~1500	200~300	0.5~2	
（3）	粗精铣凸台	1	T02	800~1500	200~300	0.5~2	
（4）	粗精铣型腔	1	T02	800~1500	200~300	0.5~2	
（5）	检测、校核						

二、编制数控程序

（1）设定程序原点。以工件上平面对称中心为程序原点建立工件坐标系。

（2）编程计算。计算各节点位置坐标值。

（3）工件参考程序。工件的参考程序如表4-3所示。

表4-3　　　　　　　　　　　加工程序卡（供参考）

数控铣床程序卡	编程原点	工件上平面对称中心		编写日期		
	零件名称	平面	零件图号	材料	45钢	
	铣床型号	XK5032	夹具名称	虎钳等	实训车间	数控基地
程序数	1		编程系统	FANUC 0i-MC		
序号	程序			说明		
	主程序O0010					
N001	G90 G17 G40 G50 G69 G80；			绝对方式，取消各种影响指令		
N010	G54 G00 X0 Y0 Z100；			建立工件坐标系，定起刀点位置		

续表

数控铣床程序卡	编程原点		工件上平面对称中心		编写日期	
	零件名称	平面	零件图号		材料	45 钢
	铣床型号	XK5032	夹具名称	虎钳等	实训车间	数控基地
N020	M03 S800 T02 M07;			主轴正转，冷却液开		
N030	G00 Z2;			下刀点位置确定		
N040	G00 X−40 Y−70;			下刀点位置确定		
N050	G01 Z0 F200;			下刀		
N060	M98 P50001;			调用子程序加工外轮廓		
N070	G90 G01 Z−10 F100;					
N080	M98 P0002 D02;			调用子程序粗加工凸台		
N090	M98 P0002 D03;			调用子程序精加工凸台		
N100	G00 Z5;			提刀到安全高度		
N110	X0 Y0;					
N120	G01 Z−10 F100;					
N130	M98 P0003 D04;			调用子程序粗加工型腔		
N100	M98 P0003 D05;			调用子程序精加工型腔		
N110	G00 Z30;					
N120	M05;			停主轴		
N130	M30;			程序结束		
	子程序 O0001			加工外轮廓子程序		
N001	G91 G01 Z−5 F100;			Z 方向每次切削深度 5mm		
N010	G90 G41 G01 X−40 Y−58 D01 F100;			带入刀具半径左补偿		
N020	Y40;					
N030	X40;					
N040	Y−40;					
N050	X−70;					
N060	G40 G01 X−40 Y−70;			取消刀具半径补偿		
N070	M99;			子程序结束并返回		
	子程序 O0002			加工凸台子程序		
N001	G41 G01 X−34 Y−55;			带入刀具半径左补偿		
N010	Y18;					
N020	G02 X−18 Y34 R20;					
N030	G01 X18;					
N040	G02 Y18 X34 R20;					
N050	G01 Y−18;					

续表

数控铣床程序卡	编程原点	工件上平面对称中心		编写日期	
	零件名称	平面	零件图号	材料	45 钢
	铣床型号	XK5032	夹具名称	虎钳等	实训车间	数控基地
N060	G02 X18 Y−34 R20;				
N070	G01 X−18;				
N080	G02 Y−18 X−34 R20;				
N090	G01 X−44 Y−44;				
N100	G40 G01 X−34 Y−60;	取消刀具半径补偿			
N110	M99;	子程序结束并返回			
	子程序 O0003	加工型腔子程序			
N001	G42 G01 X−7 Y0;	带入刀具半径右补偿			
N010	X−26;				
N020	Y14;				
N030	G02 X−13 Y26 R12;				
N040	G01 X13;				
N050	G02 Y13 X26 R12;				
N060	G01 Y−13;				
N070	G02 X13 Y−26 R12;				
N080	G01 X−13;				
N090	G02 Y−13 X−26 R12;				
N100	G01 Y10;				
N110	X7;				
N120	G40 G01 X0 Y0;	取消刀具半径补偿			
N130	M99;	子程序结束并返回			

三、零件加工

1. 零件仿真加工

利用仿真软件进行加工并对程序进行修订。

2. 零件实操加工

（1）机床开机准备。

（2）输入程序。

（3）工件安装准备。采用虎钳作为夹具，用标准垫块垫在工件下方，保证毛坯上表面伸出钳口 22~25mm；定位时要利用百分表将工件与机床 X 轴的平行度误差控制在

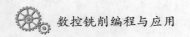

0.02mm 以内。

    （4）安装刀具，建立工件坐标系，对刀操作完成刀具参数设置。

    （5）启动程序，自动加工。

    （6）停机后，按图纸要求检测工件，对工件进行误差及质量分析。

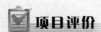 **项目评价**

    评分表如表 4-4 所示。

表 4-4   评分表

评分表							
姓名					学号		
序号	项目	检测内容		占分	评分标准	实测	得分
1	外轮廓	80mm×80mm	尺寸	20	超差酌情扣分		
2	凸台	长、宽、高	尺寸	20	超差酌情扣分		
3	型腔	长、宽、高	尺寸	30	超差酌情扣分		
4	文明生产	发生重大安全事故 0 分；按照有关规定每违反一项从总分中扣除 10 分					
5	其他项目	工件必须完整，工件局部无缺陷（如夹伤、划痕等），每项扣 5 分					
6	程序编制	程序 30 分，程序中严重违反工艺规程的 0 分；其他问题酌情扣分					
7	加工时间	总时间 180min，时间到机床停电，交零件，超时酌情扣分					
合计							
操作时间		开始： 时 分；结束： 时 分					
记录员		监考员			检验员	考评员	

拓展练习

1. 填空题

    （1）进行圆弧铣削加工整圆加工退刀时，顺着圆弧表面的_____退出，可避免工件表面产生刀痕。

    （2）数控铣削加工中，定位基准分为_____基准和精基准。

    （3）在数控铣削加工中，以已加工过的表面进行定位的基准称为_____基准。

    （4）数控铣削加工中，刀具刀位点相对于工件运动的轨迹称为_____。

    （5）数控铣削系统中加工顺序安排的一般工艺原则为_____、先粗后精、先主后次及先面后孔。

    （6）数控铣削系统中，_____是指使刀位点与对刀点重合的操作。

2. 判断题

（1）数控铣削系统中，数控编程时不需要考虑数控加工工艺分析和处理。（　　）

（2）同一工件，无论用数控机床加工还是用普通机床加工，其工序都一样。（　　）

（3）数控铣削系统中加工顺序安排的一般工艺原则为基面先行、先粗后精、先主后次及先孔后面。（　　）

（4）在数控铣削系统中，选择粗加工切削用量时，首先应选择尽可能大的背吃刀量，以减少走刀次数。（　　）

（5）在数控铣削系统中，定位的选择原则之一是尽量使工件的设计基准与工序基准不重合。（　　）

（6）在加工表面和加工工具不变的情况下，所连续完成的一部分工序内容称为工步。（　　）

（7）在数控铣削系统中，进给路线的确定一是要考虑加工精度，二是要实现最短的进给路线。（　　）

（8）铣削封闭的内轮廓表面时，进刀方式应选择沿内轮廓表面的法向切入。（　　）

3. 编写程序

零件如图 4-9 所示，已知毛坯尺寸为 120mm×80mm×50mm，材料为 30 钢，试编写加工零件的程序。

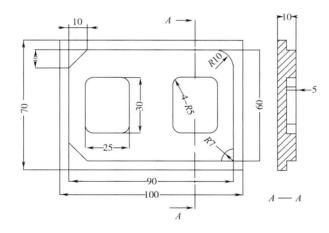

图 4-9　零件图

项目五　加工孔系零件

学习目标

> 1. 了解麻花钻、扩孔钻、丝锥、镗刀及铰刀的基本知识
> 2. 掌握孔类加工的程序编制方法
> 3. 能正确理解钻孔循环指令参数含义及编程
> 4. 能理解镗孔指令参数及编程
> 5. 掌握数控铣床 FANUC 系统 G80~G89，G73~G76 循环指令

项目导读

　　如图 5-1 所示的零件，已知材料为铸铝，毛坯尺寸为 80mm×60mm×30mm。要求分析零件的加工工艺，编写零件的数控加工程序，并通过仿真调试优化程序，最后进行零件的加工检验。

相关知识

一、加工工艺文件

　　数控加工工艺文件主要包括数控加工工艺过程卡（表5-1）、数控加工工序卡（表5-2）、数控刀具卡（表5-3）、走刀路线图（图5-2）和零件加工程序单（表5-4）。

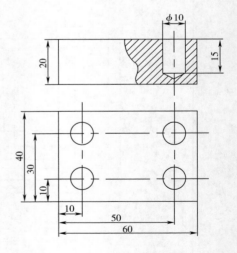

图 5-1　孔加工零件图

1. 数控加工工艺过程卡片样表

表 5-1   数控加工工艺过程卡片样表

	数控加工工艺过程卡片	产品型号		零件图号		总 页	第 页
		产品名称		零件名称		共 页	第 页
材料牌号		毛坯种类		毛坯外形尺寸		每毛坯可制件数	每台件数	备注

工序号	工序名称	工序内容		车间	工段	设备	工艺装备	工时 准终	单件
描图									
描校									
底图号									
装订号									
						设计（日期）	审核（日期）	标准化（日期）	会签（日期）
标记	处数	更改文件号	签字	日期	标记	处数	更改文件号	签字	日期

2. 数控加工工序卡片样表

表 5-2   数控加工工序卡片样表

	数控加工工序卡片	产品型号	零件图号	总 页	第 页
		产品名称	零件名称	共 页	第 页

车间	工序号	工序名称	材料牌号
毛坯种类	毛坯外形尺寸		每台件数
设备名称	设备型号	设备编号	同时加工件数
夹具编号	夹具名称		切削液
工位器具编号		工位器具名称	工序工时 准终 单件

工步号	工步内容	工艺设备	主轴转速 r/min	切削速度 m/min	进给量 mm/r	切削深度 mm	进给次数	工步工时 机动	辅助
描图									
描校									
底图号									
装订号									
						设计（日期）	审核（日期）	标准化（日期）	会签（日期）
标记	处数	更改文件号	签字	日期	标记	处数	更改文件号	签字	日期

3. 数控刀具卡样表

表 5-3 　　　　　　　　　　　　　数控刀具卡样表

产品名称或代号			零件名称	
序号	刀具号	刀具规格名称	数量	工艺内容

4. 走刀路线样图

数控加工走刀路线图	零件图号	NC01	工序号		工步号		程序号	O100
机床型号 XK5032	程序段号	N10~N170	加工内容		铣轮廓周边		共1页	第 页

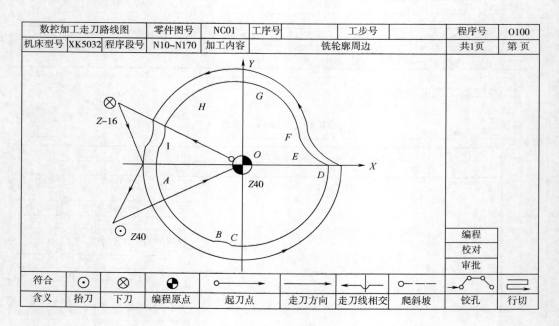

符合	⊙	⊗	◒	•→	→	↳	•--◦	◦─◦─◦	▱→
含义	抬刀	下刀	编程原点	起刀点	走刀方向	走刀线相交	爬斜坡	铰孔	行切

图 5-2　走刀路线样图

5. 零件加工程序单

表 5-4 　　　　　　　　　　　　零件加工程序单（样表）

O0001		
程序段号	程序内容	程序解释
N5	G54 G98 G21；	建立工件坐标系
N10	M03 S600 T0101；	主轴正转 1 号刀，主轴转速 600r/min
……	……	……

续表

O0001		
N230	G00 X200;	退刀
N240	Z150;	
N250	M05;	主轴停止
N260	M30;	程序结束并返回程序起点

二、钻孔加工路线的设计要点

对于较高精度要求的孔系的加工，走刀的路线安排要将定位方向保持一致，即采用同方向逐个定位法，以此避免机床传动系统误差对各孔之间定位精度的影响，如图 5-3 所示。方案（a）加工Ⅳ孔时，X 方向的反向间隙将会影响Ⅳ、Ⅲ两孔的孔距精度。方案（b）加工，可使各个孔之间的定位方向一致，同时保证各孔之间的精度要求。

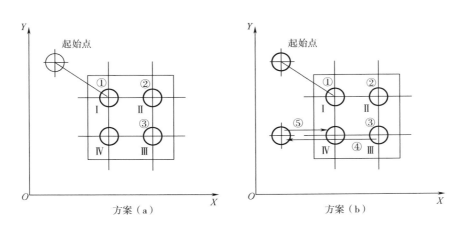

图 5-3 孔系的加工路线方案

三、FANUC 钻孔固定循环类指令

1. 孔加工走刀动作

孔加工循环指令为模态指令，一旦某个孔加工循环指令有效，在接着的所有 X、Y 位置均采用该孔加工循环指令进行孔加工，直到用 G80 指令取消孔加工循环为止。在孔加工循环指令有效时，刀具在 XY 平面内的运动方式为快速定位（G00）方式。孔加工循环由 6 个动作组成（图 5-4）：

（1）A→B 刀具快速移动到孔加工循环起始点 B（X，Y）。

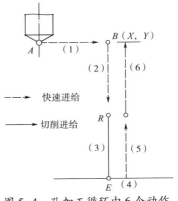

图 5-4 孔加工循环由 6 个动作

（2）$B \rightarrow R$ 刀具沿 Z 轴快速移动到 R 参考平面。

（3）$R \rightarrow E$ 切削进给加工。

（4）E 点加工至孔底位置（如进给暂停、刀具偏移、主轴准停、主轴反转等动作）。

（5）$E \rightarrow R$ 刀具快速返回到 R 参考平面。

（6）$R \rightarrow B$ 刀具返回到起始点 B。

2. 钻孔固定循环指令 G81

如图 5-5 所示，主轴正转，刀具从起始点快速地移动到 R 安全平面，然后以进给速度进行钻孔，到达孔底位置后，刀具快速返回（无孔底动作）到 R 安全高度（G99）或起始点（G98）位置。

（1）使用格式。

$$\left.\begin{matrix} G98 \\ G99 \end{matrix}\right\} G81\ X \!-\! Y \!-\! R \!-\! Z \!-\! F \!-\! ;$$

$$\vdots$$

$$X \!-\!\quad Y \!-\!\ ;$$
$$X \!-\!\quad Y \!-\!\ ;$$

$$\vdots$$

G80;

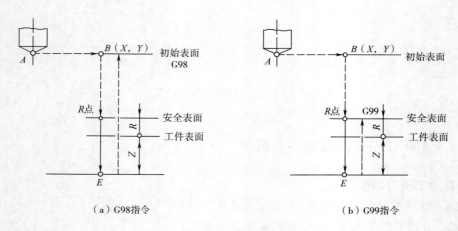

（a）G98指令　　　　　　　　（b）G99指令

图 5-5　G81 钻孔加工循环

（2）说明。

①G98 和 G99 为两个模态指令，G98 指令表示孔加工循环结束后刀具返回到起始点 B 的位置，进行其他孔的定位。G99 指令则表示刀具返回到安全高度 R 的位置，进行其他孔的定位，缺省为 G98。

②X、Y 为孔的位置，表示第一个孔的位置，G81 指令后的 X、Y 为需要加工的其他

孔的位置。

③R 为钻孔安全高度。

④Z 为钻孔深度。

⑤F 为进给速度（mm/min）。

⑥G80 指令表示固定循环取消。

3. 钻孔循环指令 G82

（1）格式。G82 X— Y— Z— F— R— P— ；

（2）含义。与 G81 类似，如图 5-6 所示。区别：在孔底作暂停。P——在孔底暂停时间，单位为 ms。

（3）应用。用于扩孔和沉头孔加工。

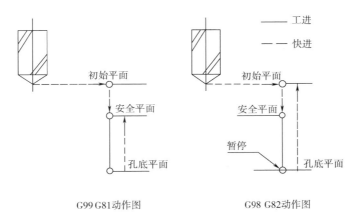

图 5-6　G81 与 G82 动作图

4. 深孔钻孔循环 G83（G73）

（1）格式。G73 X- Y- Z- F- R- P- Q- ；。

（2）含义。Q——每次进给深度，为正值。

（3）说明。G83 指令同样通过 Z 轴方向的间歇进给来实现断屑与排屑的目的，刀具间歇进给后快速回退到 R 点，再 Z 向快速进给到上次切削孔底平面上方距离为 d 的高度处，从该点处快进变成工进，工进距离为 Q+d。d 值由机床系统指定，无须用户指定。Q 值指定每次进给的实际切削深度，Q 值越小所需的进给次数就越多，Q 值越大则所需的进给次数就越少，其工作过程如图 5-7 所示。

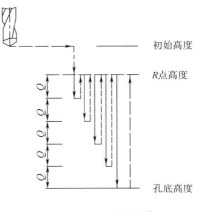

图 5-7　G83 循环路线

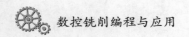

5. 镗孔加工循环指令 G85

（1）格式。G85 X- Y- Z- F- R-；。

（2）说明。与钻孔循环一样，无孔底动作。

6. 镗孔加工循环指令 G86

（1）格式。G86 X- Y- Z- F- R-；。

（2）说明。与 G85 的区别：刀具到达孔底位置后停止转动，并快速退回。

7. 镗孔加工循环指令 G89

（1）格式：G89 X- Y- Z- F- R- P-；。

（2）说明。与 G85 的区别：刀具到达孔底位置后，进给停止。

8. 带横移的精镗循环指令 G76

（1）格式。G76 X- Y- Z- F- R- P- Q-；。

（2）说明。其中：P——暂停时间；Q——偏移值。

9. 反镗循环指令 G87

格式：G87 X- Y- Z- F- R- Q-；。

FANUC 孔加工固定循环功能如表 5-5 所示。

表 5-5　　　　　　　　　　　FANUC 孔加工固定循环功能一览表

G 代码	加工动作	孔底动作	返回方式	用途
G73	间歇进给	—	快速进给	高速深孔加工
G74	切削进给	暂停、主轴正转	切削进给	攻左旋螺纹孔
G76	切削进给	主轴准停、刀具位移	快速进给	精镗孔
G80	—	—	—	取消固定循环
G81	切削进给	—	快速进给	钻孔、钻中心孔
G82	切削进给	暂停	快速进给	钻、锪、镗阶梯孔
G83	间歇进给	—	快速进给	排屑深孔加工
G84	切削进给	暂停、主轴反转	切削进给	攻右旋螺纹孔
G85	切削进给	—	切削进给	精镗孔、铰孔
G86	切削进给	主轴停	快速进给	镗孔
G87	切削进给	刀具位移、主轴正转	快速进给	反镗孔
G88	切削进给	暂停、主轴停	手动进给	镗孔
G89	切削进给	暂停	切削进给	精镗阶梯孔

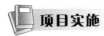 项目实施

孔加工零件图如图5-1所示，此零件要求对零件上的孔进行加工，在立式数控铣床上完成零件的加工。

一、制定加工工艺

1. 分析零件图样

零件形状比较简单，零件表面已经加工，没有形位公差项目的要求，加工要求较低。

2. 确定加工、装夹方案

（1）加工方案的确定。根据图样加工要求，孔的精度要求较低，所以采用直接一次性钻孔完成孔的加工。

（2）确定装夹方案。该零件为单件生产，且零件外形为长方体，可选用平口虎钳装夹。工件上表面高出钳口20mm以上。

3. 编制工艺文件

加工刀具的确定如表5-6所示，加工方案的制定如表5-7所示。

表5-6　　　　　　　　　　　　刀具卡

实训课题	轮廓零件的编程与加工		零件名称	凸台	零件图号	
序号	刀具号	刀具名称	规格	数量	加工内容	备注
1	T01	麻花钻	$\Phi10$	1	钻孔	

表5-7　　　　　　　　　　　　加工工艺卡片

单位名称			产品名称或代号		零件名称		零件图号	
			钻孔加工				01	
工序号		程序编号	夹具名称		使用设备		车间	
001		O3004	机用虎钳		FANUC		数铣实训中心	
工步号		工步内容	主轴转速 n（r/min）	进给速度 V_f（mm/min）	吃刀深度 a_p（mm）	刀具号	刀具名称	备注
1		钻孔	500	50	23	T01	麻花钻	自动
编制		审核	批准		年　月　日		共1页	第1页

二、编制数控程序

（1）设定程序原点。为使编程方便，工件坐标系设定在正方形的中心，Z轴O点在工件上表面。

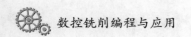

（2）编程计算。计算各节点位置坐标值。

（3）工件参考程序。工件的参考程序如表5-8所示。

表5-8　　　　　　　　　　　　　　　参考程序

数控铣床程序卡	编程原点	工件上平面中心		编写日期	
	零件名称	钻孔	零件图号	材料	铸铝
	铣床型号	XK5032	夹具名称 虎钳等	实训车间	数控基地
程序数	1		编程系统	FANUC 0i-MC	
段号	程序内容		说明		
N10	G90 G54 G94 G00 X0 Y0 Z100 ;		建立工件坐标系，绝对编程		
N20	M03 S600 ;		主轴正转，转速600r/min		
N30	G43 G00 Z3 M08 H01 ;		接近工件		
N40	X10 Y10 ;		刀具定位		
N50	G99 G81 Z-15 R5 F20 ;		钻削左下孔，深度15		
N60	X50 ;		钻削右下孔，深度15		
N70	Y30 ;		钻削右上孔，深度15		
N80	X10 ;		钻削左上孔，深度15		
N90	G80 ;		取消固定循环		
N100	G00 Z100 ;				
N110	X0 Y0 G49 ;				
N120	M30 ;		程序结束		

三、零件加工

1. 零件仿真加工

利用仿真软件进行加工并对程序进行修订。

2. 零件实操加工

（1）机床开机准备。

（2）输入程序。

（3）工件安装准备。采用虎钳作为夹具，用标准垫块垫在工件下方，保证毛坯上表面伸出钳口20mm；定位时要利用百分表将工件与机床 X 轴的平行度误差控制在0.02mm以内。

（4）安装刀具，建立工件坐标系，对刀操作完成刀具参数设置。

（5）启动程序，自动加工。

（6）停机后，按图纸要求检测工件，对工件进行误差及质量分析。

项目评价

评分表如表 5-9 所示。

表 5-9   评分表

评分表							
姓名				学号			
序号	项目	检测内容		占分	评分标准	实测	得分
1	孔	直径、高	尺寸	70	超差酌情扣分		
2	文明生产	发生重大安全事故 0 分；按照有关规定每违反一项从总分中扣除 20 分					
3	其他项目	工件必须完整，工件局部无缺陷（如夹伤、划痕等），每项扣 5 分					
4	程序编制	程序 30 分，程序中严重违反工艺规程的 0 分；其他问题酌情扣分					
5	加工时间	总时间 180min，时间到机床停电，交零件，超时酌情扣分					
合计							
操作时间		开始:	时	分；结束:	时	分	
记录员		监考员		检验员		考评员	

拓展练习

1. 填空题

（1）要加工平面又要加工孔的零件，采用_____原则划分工步。

（2）加工中心编程中，G81 是_____指令。

（3）在固定循环指令格式 G90 G98 G73 X—Y—Z—R—Q—F—；中，G98 表示_____。

（4）_____是取消固定循环功能指令。

（5）_____是钻至孔底不停顿的固定循环指令。

（6）钻至孔底要停顿的固定循环指令是_____。

（7）在孔加工固定循环指令中，P 地址后的数值一般表示加工至孔底时的_____。

（8）程序段 G90 G98 G81 X20 Y30 R5 Z-30 F50 表示钻孔的深度为钻至 Z 方向绝对坐标值为_____处。

（9）程序段 G90 G99 G82 X20 Y30 R5 Z-30 P100 F50 表示钻孔至孔底的停顿时间为_____。

（10）孔加工固定循环一般具有_____个基本动作。

2. 判断题

（1）取消孔加工固定循环的指令是 G80。（   ）

（2）在固定循环指令格式 G90 G98 G81 X—Y—R—Z—Q—F—；中，G90 表示绝对坐标编程方式。（   ）

（3）G76 是精镗孔加工固定循环。（   ）

（4）固定循环中 R 参考平面是刀具下刀时自快进转为工进的高度平面。（   ）

3. 编写程序

（1）零件如图 5-8 所示，已知毛坯尺寸为 120mm×80mm×50mm，材料为铸铝，试编写零件孔加工程序。

（2）加工如图 5-9 所示零件的 3 个孔，毛坯为 80mm×30mm×30mm 长方块（其余面已经加工），材料为铸铝，单件生产。编制孔的数控加工程序并在数控铣床上加工出零件。

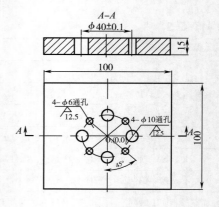

图 5-8　零件图（1）

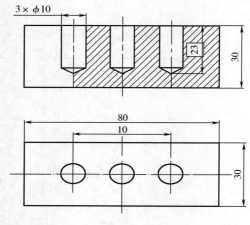

图 5-9　零件图（2）

项目六 加工槽类及盖板零件

学习目标

1. 巩固平面、外轮廓、槽、孔加工刀具的特点
2. 巩固平面、外轮廓、槽、孔加工的方法
3. 熟悉巩固平面、外轮廓、槽、孔加工常用编程指令及方法
4. 掌握数控铣床、加工中心面板各区功能
5. 掌握常用功能键的功用
6. 能完成数控铣床、加工中心开关机操作

项目导读

运用所学知识，分析图 6-1 零件，编制加工工艺和程序，并在数控铣床（加工中心）上完成零件平面、外轮廓、槽、孔的加工，毛坯为 100mm×100mm×15mm 板材，工件材料为铸铝，外形已加工。

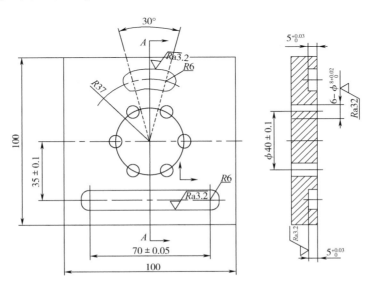

图 6-1　槽类及盖板零件图

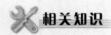数控铣削编程与应用

相关知识

一、面板按钮说明

FANUC 0i-MC 系统的数控铣床、加工中心的操作面板如图 6-2 所示,具体功能见表 6-1。

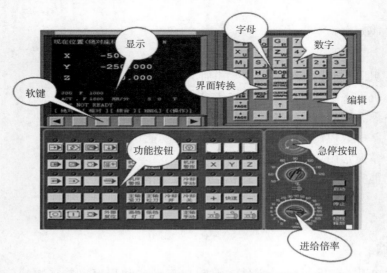

图 6-2 数控铣床、加工中心操作面板

表 6-1 标准面板按钮说明

按钮	名称	功能说明
	自动运行	此按钮被按下后,系统进入自动加工模式
	编辑	此按钮被按下后,系统进入程序编辑状态
	MDI	此按钮被按下后,系统进入 MDI 模式,手动输入并执行指令
	远程执行	此按钮被按下后,系统进入远程执行模式(即 DNC 模式),输入输出资料
	单节	此按钮被按下后,运行程序时每次执行一条数控指令
	单节跳过	此按钮被按下后,数控程序中的注释符号"/"有效
	选择性停止	此按钮被按下后,"M01"代码有效
	机械锁定	锁定机床

续表

按钮	名称	功能说明
	试运行	空运行
	进给保持	程序运行暂停，在程序运行过程中，按下此按钮运行暂停，按"循环启动" 恢复运行
	循环启动	程序运行开始，系统处于"自动运行"或"MDI"位置时按下有效，其余模式下使用无效
	循环停止	程序运行停止，在数控程序运行中，按下此按钮停止程序运行
	回原点	机床处于回零模式，机床必须首先执行回零操作，然后才可以运行
	手动	机床处于手动模式，连续移动
	手动脉冲	机床处于手轮控制模式
	手动脉冲	机床处于手轮控制模式
X	X 轴选择按钮	手动状态下 X 轴选择按钮
Y	Y 轴选择按钮	手动状态下 Y 轴选择按钮
Z	Z 轴选择按钮	手动状态下 Z 轴选择按钮
+	正向移动按钮	手动状态下，按该按钮系统将向所选轴正向移动。在回零状态时，按该按钮将所选轴回零
−	负向移动按钮	手动状态下，按该按钮系统将向所选轴负向移动
快速	快速按钮	按该按钮将进入手动快速状态
	主轴控制按钮	依次为：主轴正转、主轴停止、主轴反转
启动	启动	系统启动
停止	停止	系统停止
超程释放	超程释放	系统超程释放
	主轴倍率选择旋钮	将光标移至此旋钮上后，通过按鼠标的左键或右键来调节主轴旋转倍率

续表

按钮	名称	功能说明
	进给倍率	调节运行时的进给速度倍率
	急停按钮	按下急停按钮，使机床移动立即停止，并且所有的输出如主轴的转动等都会关闭

二、机床准备

1. 开机

合上数控机床电气柜总开关，机床正常送电。接通操作面板上电按钮，给数控系统上电，检查"急停"按钮是否松开至 状态，若未松开，向右旋转将其松开。

2. 机床回参考点

在回参考点模式下，先将 X 轴回原点，按操作面板上的"X 轴选择"按钮 X ，按 + ，此时 X 轴将回参考点，X 轴回参考点灯变亮 ，CRT 上的 X 坐标变为"0.000"。同样，再分别按 Y 轴，Z 轴方向回参考点，Y 轴，Z 轴回参考点灯变亮。此时 CRT 界面如图 6-3 所示。

3. 手动操作

（1）手动/连续方式。按操作面板上的"手动"按钮 ，使其指示灯亮 ，机床进入手动模式。分别按 X ，Y ，Z 按钮，选择移动的坐标轴。分别按 + ，- 按钮，控制机床的移动方向，按 控制主轴的转动和停止。

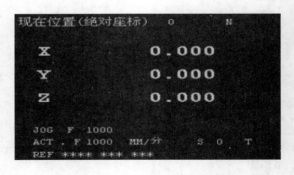

图 6-3 回参考点 CRT 界面

（2）手动脉冲方式。在手动/连续方式或在对刀时，需精确调节机床，可用手动脉冲方式调节机床。按操作面板上的"手动脉冲"按钮 或 和手轮选择，使手轮激活。

选择坐标轴，"手轮进给速度"旋钮选择合适的脉冲当量，手轮精确控制机床的移动。

4. 自动加工方式

（1）自动/连续方式。自动加工操作流程：

①检查机床是否回零，若未回零，先将机床回零。

②导入数控程序或自行编写一段程序。

③按操作面板上的"自动运行"按钮，使其指示灯变亮。

④按操作面板上的"循环启动"，程序开始执行。

⑤中断运行操作。数控程序在运行过程中可根据需要暂停、停止、急停和重新运行。数控程序在运行时，按"进给保持"按钮，程序停止执行；再按键，程序从暂停位置开始执行。数控程序在运行时，按"循环停止"按钮，程序停止执行；再按键，程序从开头重新执行。数控程序在运行时，按下"急停"按钮，数控程序中断运行，继续运行时，先将急停按钮松开，再按按钮，余下的数控程序从中断行开始作为一个独立的程序执行。

（2）自动/单段方式。在自动/连续方式的同时，按操作面板上的"单节"按钮可转换为自动/单段方式。自动/单段方式执行每一行程序均需按一次"循环启动"按钮。按"单节跳过"按钮，则程序运行时跳过符号"/"有效，该行成为注释行，不执行。按"选择性停止"按钮，则程序中 M01 有效。

（3）检查运行轨迹。按操作面板上的"自动运行"按钮，转入自动加工模式，按MDI 键盘上的 PROG 按钮，按数字/字母键，输入"O×"（×为所需要检查运行轨迹的数控程序号），按开始搜索，找到后，程序显示在 CRT 界面上。按 CUSTOM GRAPH 按钮，进入检查运行轨迹模式，按操作面板上的"循环启动"按钮，即可观察数控程序的运行轨迹。

MDI 键盘按键说明如表 6-2 所示。

表 6-2 　　　　　　　　　　　　　　　　MDI 键盘按键说明

MDI 软键	功　　能
↑PAGE ↓PAGE	软键 ↑PAGE 实现左侧 CRT 中显示内容的向上翻页；软键 ↓PAGE 实现左侧 CRT 显示内容的向下翻页
↑ ← ↓ →	移动 CRT 中的光标位置。软键 ↑ 实现光标的向上移动；软键 ↓ 实现光标的向下移动；软键 ← 实现光标的向左移动；软键 → 实现光标的向右移动

续表

MDI 软键	功 能
	实现字符的输入，按 shift 键后再按字符键，将输入右下角的字符。例如：按 O_P 将在 CRT 的光标所在处位置输入 "O" 字符，按软键 SHIFT 后再按 O_P 将在光标所在处位置处输入 P 字符；按软键中的 "EOB" 将输入 ";" 号表示换行结束
	实现字符的输入，例如：按软键 5 将在光标所在位置输入 "5" 字符，按软键 SHIFT 后再按 5 将在光标所在位置处输入 "]"
POS	在 CRT 中显示坐标值
PROG	CRT 将进入程序编辑和显示界面
OFFSET SETTING	CRT 将进入参数补偿显示界面
SYS-TEM	系统操作区域键
MESS-AGE	报警信息显示键
CUSTOM GRAPH	在自动运行状态下将数控显示切换至轨迹模式
SHIFT	输入字符切换键
CAN	删除单个字符
INPUT	将数据域中的数据输入到指定的区域
ALTER	字符替换
INSERT	将输入域中的内容输入到指定区域
DELETE	删除一段字符
HELP	帮助键
RESET	机床复位

FANUC 0i-MC MDI 键盘如图 6-4 所示。

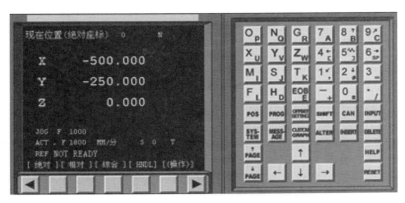

图 6-4 FANUC 0i-MC MDI 键盘

三、键盘操作

1. MDI 键盘说明

图 6-5 所示为 FANUC 0i-MC 系统的 MDI 键盘（右半部分）和 CRT 界面（左半部分）。MDI 键盘用于程序编辑、参数输入等功能。MDI 键盘上各个键的功能列于表 6-2。

2. 机床位置界面

按 **POS** 进入坐标位置界面。按菜单软键［绝对］、菜单软键［相对］、菜单软键［综合］，对应 CRT 界面相对坐标（图 6-5）、绝对坐标（图 6-6）和所有坐标界面（图 6-7）。

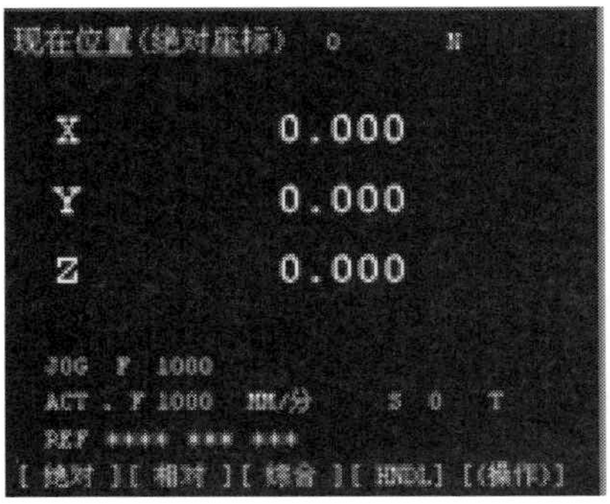

图 6-5 相对坐标界面

图 6-6 绝对坐标界面 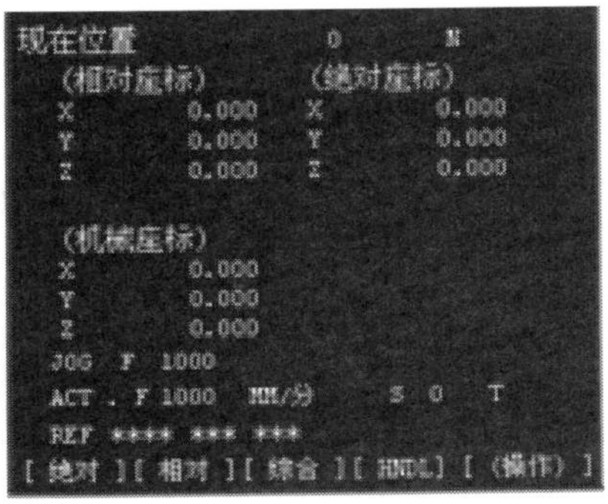   图 6-7 所有坐标界面

3. 程序管理界面

按 POS 进入程序管理界面，按菜单软键［LIB］，将列出系统中所有的程序（图6-8），在所列出的程序列表中选择某一程序名，按 PROG 将显示该程序（图6-9）。

图6-8　显示程序列表　　　　　　　　图6-9　显示当前程序

4. 设置参数

（1）G54～G59参数设置。在MDI键盘上按 OFFSET SETTING 键，按菜单软键［坐标系］，进入坐标系参数设定界面，输入"0×"（01表示G54，02表示G55，以此类推），按菜单软键［NO检索］显示，光标停留在选定的坐标系参数设定区域，如图6-10所示。

也可以用方位键 ↑ ↓ ← → 选择所需的坐标系和坐标轴。利用MDI键盘输入通过对刀所得到的工件坐标原点在机床坐标系中的坐标值。设通过对刀得到的工件坐标原点在机床坐

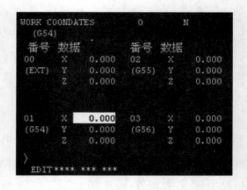

图6-10　G54参数设置前

标系中的坐标值（如-500，-415，-404），则首先将光标移到G54坐标系 X 的位置，在MDI键盘上输入"-500.00"，按菜单软键［输入］或按 INPUT ，参数输入到指定区域。按 CAN 键可逐个字符删除输入域中的字符。按 ↓ ，将光标移到 Y 的位置，输入"-415.00"，按菜单软键［输入］或按 INPUT ，参数输入到指定区域。同样可以输入 Z 坐标值。此时CRT界面如图6-11所示。

注：X 坐标值为-100，须输入"X-100.00"；如果按软键"+输入"，键入的数值将和原有的数值相加以后输入。

（2）设置铣床及加工中心刀具补偿参数。铣床及加工中心的刀具补偿包括刀具的半径和长度补偿。

①输入直径补偿参数。FANUC 0i 的刀具直径补偿包括形状直径补偿和磨耗直径补偿。

②在 MDI 键盘上按 键，进入参数补偿设定界面，如图 6-12 所示。

③用方位键 选择所需的号码，并用 确定需要设定的直径补偿是形状补偿还是磨耗补偿，将光标移到相应的区域。

④按 MDI 键盘上的数字/字母键，输入刀尖直径补偿参数。

图 6-11 G54 参数设置后

⑤按菜单软键［输入］或按 ，参数输入到指定区域。按 键逐个字符删除输入域中的字符。

⑥输入长度补偿参数。长度补偿参数在刀具表中按需要输入。FANUC 0i 的刀具长度补偿包括形状长度补偿和磨耗长度补偿。

⑦在 MDI 键盘上按 键，进入参数补偿设定界面，如图 6-12 所示。

⑧用方位键 选择所需的号码，并确定需要设定的长度补

图 6-12 直径补偿设定界面

偿是形状补偿还是磨耗补偿，将光标移到相应的区域。

⑨按 MDI 键盘上的数字/字母键，输入刀具长度补偿参数。

⑩按软键［输入］或按 ，参数输入到指定区域。按 键逐个字符删除输入域中的字符。

5. 数控程序处理

（1）数控程序管理。数控程序可以通过与数控机床联网的计算机或可直接用 FANUC 0i 系统的 MDI 键盘输入。

显示数控程序目录操作：按操作面板上的编辑键 ，进入编辑状态。按 MDI 键盘上

的 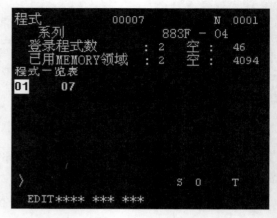，CRT 界面转入编辑页面。按菜单软键 [LIB]，数控程序名列表显示在 CRT 界面上，如图 6-13 所示。

①选择一个数控程序。按 MDI 键盘上的 **PROG**，CRT 界面转入编辑页面。利用 MDI 键盘输入 "O×"（×为数控程序目录中显示的程序号），按 **↓** 键开始搜索，搜索到后 "O×" 显示在屏幕首行程序号位置，NC 程序将显示在屏幕上。

②删除一个数控程序。按操作面板上的编辑键 **⟩⟩**，进入编辑状态。利用 MDI 键盘输入 "O×"（×为要删除的数控程序在目录中显示的程序号），按 **DELETE** 键，程序即被删除。

```
程式                 O0007            N  0001
   系列                     883F - 04
   登录程式数          :  2    空 :    46
   已用MEMORY领域      :  2    空 :  4094
程式一览表
01      07




>                         S  O  T
EDIT**** *** ***
```

图 6-13　程序名列表

③新建一个 NC 程序。按操作面板上的编辑键 **⟩⟩**，进入编辑状态。按 MDI 键盘上的 **PROG**，CRT 界面转入编辑页面。利用 MDI 键盘输入 "O×"（×为程序号，但不能与已有的程序号重复），按 **INSERT** 键，CRT 界面上将显示一个空程序，可以通过 MDI 键盘开始程序输入。输入一段代码后，按 **INSERT** 键则数据输入域中的内容将显示在 CRT 界面上，用回车换行键 **EOB** 结束一行的输入后换行。

④删除全部数控程序。按操作面板上的编辑键 **⟩⟩**，进入编辑状态。按 MDI 键盘上的 **PROG**，CRT 界面转入编辑页面。利用 MDI 键盘输入 "O-9999"，按 **DELETE** 键，全部数控程序即被删除。

（2）数控程序处理。

①移动光标。按 **PAGE↑** 和 **PAGE↓** 用于翻页，按方位键 **↑ ↓ ← →** 移动光标。

②插入字符。先将光标移到所需位置，按 MDI 键盘上的数字/字母键，将代码输入到输入域中，按 **INSERT** 键，把输入域的内容插入到光标所在代码后面。

③删除输入域中的数据。按 **CAN** 键用于删除输入域中的数据。

④删除字符。先将光标移到所需删除字符的位置，按 **DELETE** 键，删除光标所在的代码。

⑤查找。输入需要搜索的字母或代码；按 ↓ 开始在当前数控程序中光标所在位置后搜索（代码可以是一个字母或一个完整的代码，例如："N0010""M"等）。如果此数控程序中有所搜索的代码，则光标停留在找到的代码处；如果此数控程序中光标所在位置后没有所搜索的代码，则光标停留在原处。

⑥替换。先将光标移到所需替换字符的位置，将替换成的字符通过 MDI 键盘输入到输入域中，按 ALTER 键，把输入域的内容替代光标所在处的代码。

6. MDI 模式

按操作面板上的 MDI 键 按钮，进入 MDI 模式。在 MDI 键盘上按 PROG 键，进入编辑页面。在输入键盘上按数字/字母键，可以作取消、插入、删除等修改操作。输入程序后，用回车换行键 EOB 结束一行的输入后换行。移动光标按 PAGE PAGE 上下方向键翻页；按方位键 ↑ ↓ ← → 移动光标；按 CAN 键，删除输入域中的数据；按 DELETE 键，删除光标所在的代码。按键盘上 INSERT 键，输入所编写的数据指令。输入完整的数据指令后，按循环启动按钮 运行程序。用 RESET 清除输入的数据。

四、键槽的加工

安装键的沟槽称为键槽，安装半圆键的槽称为半圆键槽。图 6-14 所示为带有键槽的传动轴，从图中可知，键槽宽度的极限偏差为 0/-0.02mm（N9），对称度公差为 0.060mm（IT9），精度均较高，槽底至轴下素线的偏差为 0/-0.020mm，精度较低。在轴上铣键槽时，铣削方法的步骤如下。

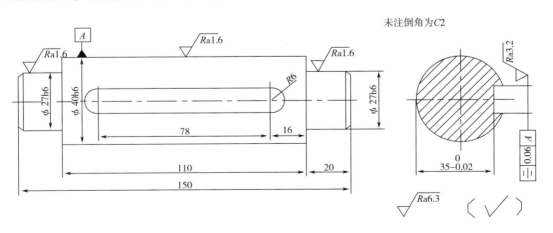

图 6-14 带有键槽的齿轮轴

1. 工件的装夹方法

在轴上铣键槽时，不论用哪一种夹具进行装夹，都必须把工件的轴线找正到与进给方向一致。

（1）用机床用平口虎钳装夹。机床用平口虎钳在工作台上校正并固定后，固定钳口的工作面和导轨的上平面与工作台之间的相对位置是不变的。在装夹一批圆柱形工件时，若工件直径有变化，则后一工件与前一工件的轴线位置在固定钳口与导轨面（或平行垫铁）夹角的角平分线上变动，即在45°角的方向上变动，如图6-15所示。因此，在加工时若刀具相对第一个工件的位置已准，即对称度和深度均已调整好，而第二个工件的直径有变化，且工作台的位置不进行重新调整，则第二个工件上的键槽的对称度会产生误差。用机床用平口虎钳装夹工件铣削键槽的优点是装卸简便，适用于单件生产或一批轴径经过精加工且尺寸精度较高的工件。

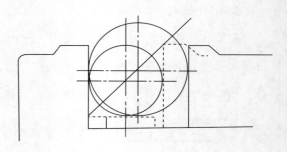

图6-15 平口虎钳装夹

（2）用V形架装夹。圆柱形工件在V形架内的装夹情况如图6-16（a）所示。当工件直径变化时，工件的轴线位置将沿V形面的角平分线改变，如图6-16（b）所示。在多件或成批加工时，只要指形铣刀的轴线或盘形铣刀的中分线对准V形面的角平分线，则铣出的键槽只会在深度方向变动，但下素线比轴心线的变动要小得多，而对称度不会有变化。由于键槽深度尺寸精度一般要求不高，所以，常用V形架装夹工件铣削键槽。然而在卧式铣床上用指形铣刀铣削时，若仍采用V形角平分线向上的装夹方法加工［图6-16（c）］，那么当一批工件的直径变化时，对键槽对称度的影响将比用平口虎钳装夹更大。

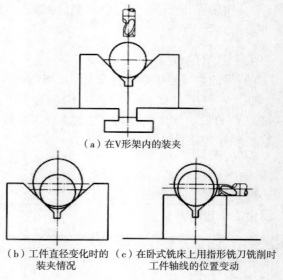

（a）在V形架内的装夹

（b）工件直径变化时的 （c）在卧式铣床上用指形铣刀铣削时
　　装夹情况　　　　　工件轴线的位置变动

图6-16 平口虎钳装夹

（3）用轴用虎钳装夹。用轴用虎钳装夹如图6-17（a）所示，这类虎钳对工件起定位作用的是V形架，故具有用V形架和机床用平口虎钳装夹的优点。轴用虎钳的V形架能上下翻身使用，其夹角大小也不同，可适应各种大小的直径。

（4）利用T形槽口装夹。对直径在20~60mm的细长轴，可利用工作台上的T形槽槽口对工件进行定位装夹，如图6-17（b）所示。装夹方法和定位性质均与V形架相同。

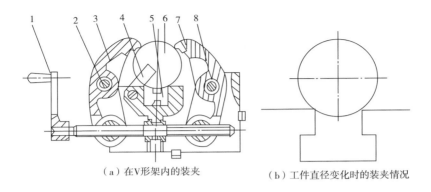

（a）在V形架内的装夹　　　　　（b）工件直径变化时的装夹情况

图6-17 轴用虎钳装夹和T形槽口装夹
1—手柄 2—销 3—钳口 4—挡板 5—V形架 6—工件 7—钳口 8—销

（5）用三爪自定心卡盘和后顶尖装夹。装夹情况如图6-18（a）所示。采用这种装夹方法时，工件的轴线位置在理论上是不变的，与三爪自定心卡盘中心和后顶尖中心的连线同轴，工件轴线的位置不受直径变化的影响，但受三爪自定心卡盘精度的影响。因此，在加工一批工件时，工件轴线的位置可能有微量的变化，它对键槽的对称度虽有影响，但一般不会造成对称度超差。在深度方面，当第一件调整好后，以后各件自槽底至工件轴线的尺寸在理论上是不变的，自槽底至下素线之间的尺寸则受轴径公差的影响。三爪自定心卡盘一般都安装在分度头上，因此，更适用于加工对称的和在圆周上成各种夹角的两条或多条键槽。

（6）用两顶尖装夹。这种装夹方法一般在分度头上采用，装夹情况如图6-18（b）所示。用两顶尖装夹对工件的定位作用与用三爪自定心卡盘装夹相同，只是装卸时稍麻烦，稳固性也差些，但工件轴线的位置精度高。

（7）用自定心虎钳装夹。这种虎钳的钳口带有V形槽，用其装夹圆柱形工件的情况如图6-18（c）所示。这种装夹方法与用三爪自定心卡盘装夹和两顶尖装夹一样，为定中心装夹，即工件轴线位置是确定不变的，但由于两个钳口都是活动的，其精度比用三爪自定心卡盘略差。

2. 对刀方法（对中心）

为了使键槽对称于轴线，必须使键槽铣刀的中心线或盘形铣刀的对称线通过工件的轴线（俗称对中心）。对刀的方法很多，现介绍下列几种。

（1）擦侧面对刀法。用立铣刀或用较大直径的圆盘铣刀加工直径较小的工件时，可在工件侧面贴一薄纸，然后使铣刀旋转，当立铣刀的圆柱面刀刃或三面刃铣刀的侧面刀刃刚擦到薄纸时，降低工作台，将横向工作台移动一定距离，这种对刀方法称为擦侧面对刀法。横向移动的距离等于工件直径与铣刀直径之和的一半加纸厚。

（2）切痕对刀法。这种方法使用简便，虽精度不高，但是最常用的一种方法。

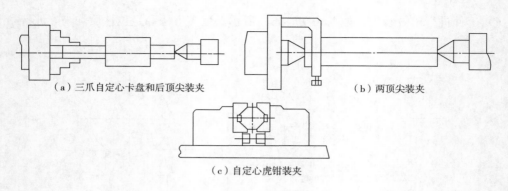

（a）三爪自定心卡盘和后顶尖装夹　　　　　　（b）两顶尖装夹

（c）自定心虎钳装夹

图 6-18　定中心装夹

①盘形槽铣刀或三面刃铣刀的调整方法。如图 6-19（a）所示，先把工件调整到铣刀的对称位置上，开动机床，在工件表面上切出一个接近铣刀宽度的椭圆形刀痕，然后移动横向工作台，使铣刀宽度处于椭圆的中间位置。

②键槽铣刀的调整方法。如图 6-19（b）所示，键槽铣刀的切痕是一个边长等于铣刀直径的四方形小平面。调整时，使铣刀两刀刃在旋转时处于小平面的中间位置即可。

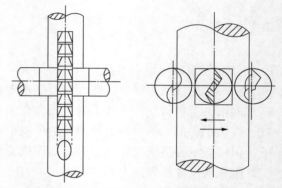

（a）盘形槽铣刀的切痕对刀法　　（b）键槽铣刀的切痕对刀法

图 6-19　切痕对刀法

3. 槽的铣削方法

以图 6-14 所示的传动轴为例，介绍键槽的加工方法。

（1）选择合适的铣刀和切削用量。根据图 6-14 中键槽尺寸，选择 $\Phi12e8$（mm）的键槽铣刀加工。铣刀安装到主轴上时，应用百分表检查圆跳动量，百分表在两刀口的差值应不大于 0.030mm，若超过允差，则需重新安装。由于铣刀直径小，故切削用量取较小值。

（2）铣削方法。铣削封闭式键槽的方法有两种：

①一次铣准键槽深度的铣削方法，如图 6-20（a）所示。这种方法的优点是在深度上只做一次调整，进给也只需一次，适用于在通用铣床上加工。缺点是对铣刀的使用较不利，因为当铣刀用钝时，其刀刃上的磨损长度等于键槽的深度。若刃磨圆柱面刀刃，则因铣刀直径变小而不能再用于精加工。因此，以磨去端面一段较合理，但需磨去较长的一段。另外，铣削时铣刀的让刀量大，影响键槽的对称度；在铣刀切入和退出时，键槽的两端宽度被铣大。

②分层铣削法。如图 6-20（b）所示，每次铣削层深度只有 0.5mm 左右，以较快的进给速度往复进行铣削，一直切到预定的深度。

这种加工方法的特点是：需要在键槽铣床上加工，铣刀用钝后只需磨端面刃（磨削不到 1mm），铣刀直径不受影响，在铣削时也不会产生让刀现象。但在普通铣床上进行加工，则操作不方便，生产效率低。对直径小的（如 5mm）键槽铣刀，可避免让刀和折断。

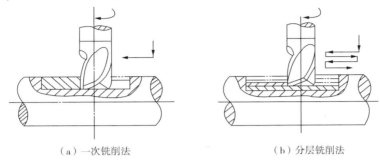

（a）一次铣削法　　　　　　（b）分层铣削法

图 6-20　铣削封闭式键槽

（3）指形铣刀铣削时的偏让。用键槽铣刀和立铣刀等指形铣刀铣削时，由于铣刀受力不均，会向某一方向偏让。在铣削沟槽时，使铣出的沟槽位置偏离对刀的位置。现对铣键槽时的偏让情况分析如下：

①一次铣准宽度和深度时的偏让。用键槽铣刀以一次工作行程铣准键槽的情况，如图 6-21（a）所示。铣削时，铣刀所受的平均切向力 F_t 是向右的，使铣刀产生偏让的力是切向力 F_t 和径向力 F_r 的合力 F'。但径向力要比切向力小得多，故合力 F' 的方向以向右为主。在 F' 的作用下，铣刀向右偏让，使铣出的键槽向右偏离工件中心。当工作台和工件停止进给运动时，铣刀受力减小，会逐渐回复到原来位置，并把槽端左侧铣去一些，故槽的两端会被铣宽。

另外，在铣到槽的一端后，若使工件反向进给（退回）再铣削一次，则会因槽的左侧被铣去一层而使键槽宽度增大，增大的量约等于铣刀偏让的让刀量，而槽的位置仍比对刀时的位置略向右偏。

让刀量的大小与铣刀和装刀系统的刚度、切削量的大小、工件材料的性质、主轴轴承的间隙，以及铣刀的锋利程度等因素有关，故很不稳定。若铣刀较锋利，铣刀伸出较短和装夹系统的刚度较高，且铣床主轴轴承间隙调整得合适，则让刀量较小，一般不致使键槽的位置精度超过允许的范围。但上述条件较差时，则需加以注意。

②分粗、精铣时的偏让。先用直径较小的键槽铣刀粗铣，再用符合键槽尺寸的铣刀精铣，如先用 $\Phi10\sim11.5mm$ 的铣刀粗铣，再用 $\Phi12mm$ 的铣刀反向进给进行精铣，如图 6-21（b）所示。精铣时，在槽的右侧为顺铣，作用在铣刀上的径向力向左；在槽的左侧为逆铣，齿刃在开始切入的阶段作用在铣刀上的径向力向右。两个力有相互抵消的作用，故偏让量很小，在精铣余量较小时，向右的力略大于向左的力，则合力的方向为向右（如图中箭头所指方向）。若精铣余量较大，则有可能使合力的方向改变。精铣和粗铣的进给方向相同时的铣削情况如图 6-21（c）所示，此时铣刀的受力和偏让方向与图 6-21（b）的情况相反。在实际工作中，当精铣余量较小、主轴轴承间隙合适，且铣刀及其装刀系统的刚度较好时，偏让现象可不考虑。根据上述情况，在加工尺寸精度和位置精度（对称度）要求高的键槽时，最好分粗铣和精铣。另外，若采用分层铣削法加工键槽时，也

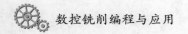

可不考虑偏让现象。

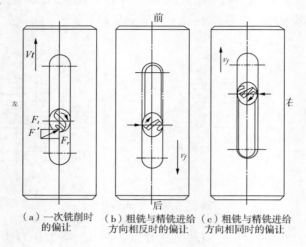

（a）一次铣削时　　（b）粗铣与精铣进给　（c）粗铣与精铣进给
　　的偏让　　　　　方向相反时的偏让　　方向相同时的偏让

图 6-21　指形铣刀铣削时的偏让

在用其他刀具铣削时，也会产生偏让现象，偏让是产生"深啃"问题的主要原因之一。不论用何种方式铣削，凡有偏让现象存在时，若中途停止进给而铣刀仍旧旋转，都将产生"深啃"，所以，在精铣时不能中途停止进给运动。

五、槽类零件的加工方法

1. 轨迹法切削

轨迹法切削实际上是进行成形切削。刀具按槽的形状沿单一轨迹运动，刀轨与刀具形状合成为槽的形状。槽的尺寸取决于刀具的尺寸。槽两侧表面，一面为顺铣，一面为逆铣，因此，两侧加工质量不同。精加工余量由半精加工刀具尺寸决定，如图 6-22 所示。

2. 型腔法切削

为克服轨迹法切削的缺点，可把槽看成细长的型腔，进行型腔加工，如图 6-23 所示。

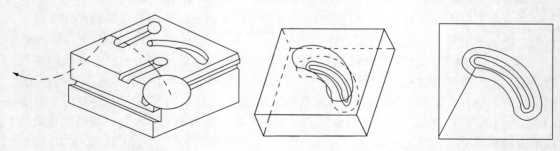

图 6-22　轨迹法切削　　　　　　　　　　　图 6-23　型腔法切削

六、准备功能指令

1. 坐标系旋转功能（G68、G69）

该指令可使编程图形按照指定旋转中心及旋转方向旋转一定的角度，G68 表示开始坐标系旋转，G69 用于撤销旋转功能。

编程格式：G68 X— Y— R—；

　　　　　M98 P—；

　　　　　G69；

其中，X—、Y—是旋转中心的坐标值（可以是 X、Y、Z 中的任意两个，它们由当前平面选择指令 G17、G18、G19 中的一个确定）。当 X、Y 省略时，G68 指令认为当前的位置即为旋转中心。R—是旋转角度，逆时针旋转定义为正方向，顺时针旋转定义为负方向。

特别注意：

当程序在绝对方式下时，G68 程序段后的第一个程序段必须使用绝对方式移动指令才能确定旋转中心。如果这一程序段为增量方式移动指令，那么系统将以当前位置为旋转中心，按 G68 给定的角度旋转坐标。在有刀具补偿的情况下，先进行坐标的旋转，然后才进行刀具半径、刀具长度补偿。在有缩放功能的情况下，先缩放后旋转。

应用举例：如图 6-24 所示，编制轮廓 1、2、3 的加工程序，见表 6-3。

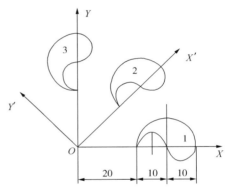

图 6-24　旋转功能编程示例

表 6-3　　　　　　　　　　　　　程序

程序	注释
O0001	主程序 O0001
N10 G54 G00 X0 Y0；	选择坐标系
N20 M03 S500 T01；	主轴正转，选择 1 号刀
N30 M98 P0002；	调用子程序加工图 1
N40 G68 X0 Y0 R45；	以 O 点为基点逆时针旋转 45 度
N50 M98 P0002；	调用子程序加工图 2
N60 G69；	取消旋转
N70 G68 X0 Y0 R90；	以 O 点为基点逆时针旋转 90 度
N80 M98 P0002；	调用子程序加工图 2
N90 G69；	取消旋转
N100 M05；	主轴停止
N110 M30；	程序结束

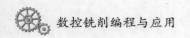
续表

程序	注释
子程序 O0002	子程序 O0002
N10 G90 G01 X20 Y0 F100；	定位
N20 G02 X30 Y0 R5；	轮廓加工
N30 G03 X40 Y0 R5；	
N40 G03 X20 Y0 R10；	
N50 G00 X0 Y0；	退刀
N60 M99；	子程序结束，返回刀主程序

2. 坐标平面选择（G17，G18，G19）

格式：G17/G18/G19；。

该指令选择一个平面，在此平面中进行圆弧插补和刀具半径补偿。G17 选择 XY 平面，G18 选择 ZX 平面，G19 选择 YZ 平面，如图 6-25 所示。

G17、G18、G19 为模态功能，可相互注销，G17 为缺省值。

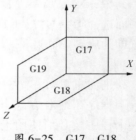

图 6-25　G17、G18、G19 平面示意图

　项目实施

一、制定加工工艺

1. 分析零件图样

该零件由左右对称的型腔、孔组成，其几何形状为平面二维图形，零件的外轮廓为方形，型腔尺寸精度为未注公差，取公差中等级±0.1，表面粗糙度为3.2μm，需采用粗、精加工。孔为均匀分布，表面粗糙度为3.2μm，注意位置度要求。

2. 确定加工、装夹方案

（1）加工方案的确定。毛坯为 100mm×100mm×15mm 板材，工件材料为铸铝，外形已加工，根据零件图样要求先用 Φ10mm 三刃立铣刀粗精铣两个凹型腔，用 Φ3mm 中心钻进行点孔加工，用 Φ7.6mm 直柄麻花钻钻孔，选用 Φ8mmH9 机用铰刀铰孔。

（2）确定装夹方案。该零件为单件生产，且零件外形为长方体，可选用平口虎钳装夹。工件上表面高出钳口 8mm 以上。

3. 加工刀具的确定与加工方案的制定

加工刀具的确定如表 6-4 所示，加工方案的制定如表 6-5 所示。

表 6-4 　　　　　　　　　　　　　　　　刀具卡

实训课题		轮廓零件的编程与加工	零件名称	凸台	零件图号	
序号	刀具号	刀具名称	规格	数量	加工内容	备注
1	T01	三刃立铣刀	Φ10mm	1	精加工两个凹型腔	
2	T02	中心钻	Φ3mm	1	点孔加工	
3	T03	直柄麻花钻	Φ7.6mm	1	钻孔加工	
4	T04	机用铰刀	Φ8mm	1	铰孔加工	

表 6-5 　　　　　　　　　　　　　　　加工工艺卡片

单位名称			产品名称或代号		零件名称		零件图号	
			钻孔加工				01	
工序号		程序编号	夹具名称		使用设备		车间	
001		O3004	机用虎钳		FANUC		数铣实训中心	
工步号		工步内容	主轴转速 n（r/min）	进给速度 V_f （mm/min）	吃刀深度 a_p（mm）	刀具号	刀具名称	备注
1		粗加工两个凹型腔	550	120	2	T01	三刃立铣刀	自动
		精加工两个凹型腔	800	100	0.5	T01	三刃立铣刀	
2		点孔加工	1200	120		T02	中心钻	自动
3		钻孔加工	500	80	23	T03	直柄麻花钻	自动
4		铰孔加工	300	50		T04	机用铰刀	自动
编制		审核	批准		年　月　日		共1页	第1页

二、编写加工程序

（1）设定程序原点。以工件上平面左下角为程序原点建立工件坐标系。

（2）编程计算。计算各节点位置坐标值。

（3）工件参考程序。工件的参考程序如表 6-6 所示。

表 6-6 　　　　　　　　　　　　　　项目程序卡（供参考）

数控铣床 程序卡	编程原点	以工件上平面左下角		编写日期	
	零件名称	零件图号	6-1	材料	铸铝
	铣床型号	XK5032	夹具名称	虎钳等	实训车间	数控基地
程序数		1		编程系统	FANUC 0i-MC
序号		程序		简要说明	
		ϕ8 的铣刀（铣槽）			

续表

数控铣床 程序卡	编程原点		以工件上平面左下角			编写日期	
	零件名称		零件图号	6-1		材料	铸铝
	铣床型号	XK5032	夹具名称	虎钳等		实训车间	数控基地
	O1000						
N10	G90 G54 G40 G49 M03 S400；				绝对方式，建立工件坐标系，取消各种影响指令，主轴正转		
N20	G00 Z30；						
N30	X5 Y37；				定起刀点位置		
N40	G01 Z0.5 F100；						
N50	X-5 Z0；						
N60	X5 Z-0.5；						
N70	X-5 Z-1；						
N80	X5 Z-1.5；						
N90	X-5 Z-2；						
N100	X5 Z-2.5；						
N110	X-5 Z-3；						
N120	X5 Z-3.5；						
N130	X-5 Z-4；						
N140	X5 Z-4.5；						
N150	X-5 Z-5；						
N160	X5 Z-5；						
N170	G42 X11.129 Y41.535 D01；						
N180	G02 X8.020 Y29.930 R6；						
N190	G03 X-8.020 Y29.930 R31；						
N200	G02 X-11.129 Y41.535 R6；						
N210	X11.129 Y41.535 R43；						
N220	G01 X9 Y37；						
N230	Z30；						
N240	X0 Y0 G40；						
N250	X-35 Y-31；						
N260	G01 Z0.5 F100；						
N270	X0 Z0；						
N280	X-35 Z-0.5；						
N290	X0 Z-1；						

续表

数控铣床 程序卡	编程原点	以工件上平面左下角			编写日期	
	零件名称		零件图号	6-1	材料	铸铝
	铣床型号	XK5032	夹具名称	虎钳等	实训车间	数控基地
N300	X-35 Z-1.5；					
N310	X0 Z-2；					
N320	X-35 Z-2.5；					
N330	X0 Z-3；					
N340	X-35 Z-3.5；					
N350	X0 Z-4；					
N360	X-35 Z-4.5；					
N370	X0 Z-5；					
N380	X-35 Z-5；					
N390	X35 Z-5；					
N400	X0 Y-41 G41 D01；					
N410	X-35；					
N420	G02 X-35 Y-29 R6；					
N430	G01 X35；					
N440	G02 X35 Y-41 R6；					
N450	G01 Z30；					
N460	G00 X0 Y0 G40；					
N470	M05；					
N480	M30；			程序结束		
	Φ3 的中心钻（钻孔）					
	O1100					
N10	G00 Z30 S1000 M03 G90；					
N20	X-10 Y17.321；					
N30	G99 G81 Z-20 R30 F80；					
N40	X10；					
N50	X20 Y0；					
N60	X10 Y-17.321；					
N70	X-10；					
N80	X-20 Y0；					
N90	G80；					
N100	M05；					

续表

数控铣床 程序卡	编程原点		以工件上平面左下角			编写日期	
	零件名称		零件图号		6-1	材料	铸铝
	铣床型号	XK5032	夹具名称		虎钳等	实训车间	数控基地
N110	M30;			程序结束			
	O2000						
N10	G00 Z30 S350 M03;						
N20	X-10 Y17.321;						
N30	G99 G83 Z-20 R30 Q2 F80;						
N40	X10;						
N50	X20 Y0;						
N60	X10 Y-17.321;						
N70	X-10;						
N80	X-20 Y0;						
N90	G80;						
N100	M05;						
N110	M30;			程序结束			

三、零件加工

1. 零件仿真加工

利用仿真软件进行加工并对程序进行修订。

2. 零件实操加工

（1）机床开机准备。

（2）输入程序。

（3）工件安装准备：采用虎钳作为夹具，铣3mm夹持面翻面找正装夹，保证毛坯上表面伸出钳口8mm；定位时要利用百分表将工件与机床 X 轴的平行度误差控制在0.02mm 以内。

（4）安装刀具，建立工件坐标系，对刀操作完成刀具参数设置。

（5）启动程序，自动加工。

（6）停机后，按图纸要求检测工件，对工件进行误差及质量分析。

项目评价

评分表见表6-7所示。

表 6-7 评分表

评分表						
姓名				学号		
序号	项目	检测内容	占分	评分标准	实测	得分
1	铣削加工	确定零件尺寸及平面	70	超差酌情扣分		
2	文明生产	发生重大安全事故 0 分；按照有关规定每违反一项从总分中扣除 10 分				
3	其他项目	工件必须完整，工件局部无缺陷（如夹伤、划痕等），每项扣 5 分				
4	程序编制	程序 30 分，程序中严重违反工艺规程的 0 分；其他问题酌情扣分				
5	加工时间	总时间 20min，时间到机床停电，交零件，超时酌情扣分				
合计						
操作时间		开始： 时 分；结束： 时 分				
记录员		监考员		检验员		考评员

拓展练习

1. 填空题

（1）在数控铣床上加工的零件的几何形状是选择刀具类型的主要依据，加工立体曲面类零件，一般采用_____铣刀，加工较大平面时，一般采用_____铣刀。

（2）数控铣削所用刀柄锥度是_____。

（3）数控铣削中建立或取消刀具半径补偿的偏置是在_____或_____指令的执行过程中完成的。

（4）数控铣削程序编制过程中主要由人工来完成编程中各个阶段的工作的编程方法称为_____。

（5）数控铣削编程中用来组织、控制或表示数据的一些符号称为_____。

（6）数控铣削中，切削液的作用有防锈、冷却、清洗和_____。

（7）进行圆弧铣削加工，整圆加工退刀时，顺着圆弧表面的_____退出，可避免工件表面产生刀痕。

（8）数控铣削加工中，定位基准分为_____基准和精基准。

（9）数控铣削工序划分中，以一次安装、加工作为一道工序的方法主要适合于加工内容_____的零件，加工完后就能达到行检状态。

（10）数控铣削中，用右手笛卡尔坐标系判定坐标轴时，大拇指代表_____坐标，食指代表_____坐标，中指代表_____坐标。

2. 判断题

（1）数控铣床的控制面板上具有机床运行控制开关和程序编辑按钮。（　　）

（2）用键槽铣刀和立铣刀铣封闭式沟槽时，均不需事先钻好落刀孔。（　　）

（3）G 代码可以分为模态 G 代码和非模态 G 代码。（　　）

（4）从 A（X0，Z0）到 B 点（X38.6，Z-41.8），分别使用"G00"及"G01"指令运动，其刀具路径相同。（　　）

（5）G04 P2500 与 G04 X2.50 暂停时间是相同的。（　　）

（6）有公差要求的尺寸在编制加工程序时应该编制基本尺寸。（　　）

（7）数控加工中，工艺文件可有可无。（　　）

（8）刀具卡片不属于数控加工工艺文件。（　　）

（9）数控加工程序单也是数控加工工艺文件。（　　）

（10）箱体类零件大部分在数控铣床完成加工，而且遵循"先面后孔"的原则。（　　）

3. 编写程序

根据图 6-26 所示综合零件，材料为铸铝，分析工艺并编写程序，并在数控铣床上完成零件的加工。

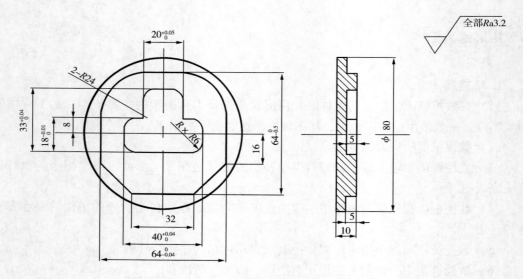

图 6-26　典型零件加工

项目七　加工椭圆凸台零件

 学习目标

1. 能正确分析和拟定凸台零件数控铣削加工工艺
2. 了解用户宏程序的特点
3. 了解宏程序的变量
4. 能编制简单的宏程序

项目导读

如图 7-1 所示，材料为 80mm×80mm×22mm 的铝合金（LY12），加工长半轴为 30mm，短半轴为 20mm 的椭圆凸台，制定该零件数控铣削加工工艺，编制铣削加工程序，完成零件的数控铣削加工。

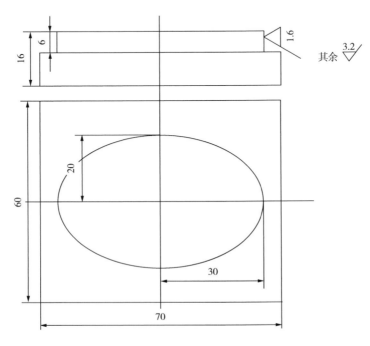

图 7-1　椭圆凸台零件图

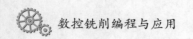 **相关知识**

在数控编程中，宏程序编程灵活、高效、快捷。对编制相同加工操作的程序非常有用，还可以完成子程序无法实现的特殊功能，例如，型腔加工宏程序、固定加工循环宏程序、球面加工宏程序、锥面加工宏程序等。

宏程序还可以实现系统参数的控制，如：坐标系的读写、刀具偏置的读写、时间信息的读写、倍率开关的控制等。

一、变量

普通加工程序直接用数值指定 G 代码和移动距离；例如，G100 和 X100.0。使用用户宏程序时，数值可以直接指定或用变量指定。当用变量时，变量值可用程序或用 MDI 面板上的操作改变。

#1 = #2+100；
G01 X#1 F0.3

二、系统变量

系统变量用于读和写 NC 内部数据，例如，刀具偏置值和当前位置数据。但是，某些系统变量只能读。系统变量是自动控制和通用加工程序开发的基础。

三、算术和逻辑运算

表 7-1 中列出的运算可以在变量中执行。运算符右边的表达式可包含常量和/或由函数或运算符组成的变量。表达式中的变量#j 和#k 可以用常数赋值。左边的变量也可以用表达式赋值。

表 7-1 算术和逻辑运算

功能	格式	备注
定义	#i = #j	
加法	#i = #j+#k；	
减法	#i = #j-#k；	
乘法	#i = #j * #k；	
除法	#i = #j/#k；	
正弦	#i = SIN［#j］；	
反正弦	#i = ASIN［#j］；	
余弦	#i = COS［#j］；	角度以度指定：90°30′表示为 90.5°
反余弦	#i = ACOS［#j］；	
正切	#i = TAN［#j］；	

续表

功能	格式	备注
反正切	#i = ATAN［#j］／［#k］;	
平方根	#i = SQRT［#j］;	
绝对值	#i = ABS［#j］;	
舍入	#i = ROUND［#j］;	
上取整	#i = FIX［#j］;	
下取整	#i = FUP［#j］;	
自然对数	#i = LN［#j］;	
指数函数	#i = EXP［#j］;	
或，异或，与	#i = #j OR #k; #i = #j XOR #k; #i = #j AND #k;	逻辑运算，一位一位地按二进制数执行
从 BCD 转为 BIN，从 BIN 转为 BCD	#i = BIN［#j］; #i = BCD［#j］;	用于与 PMC 的信号交换

四、宏程序语句和 NC 语句

下面的程序段为宏程序语句：

（1）包含算术或逻辑运算（＝）的程序段。

（2）包含控制语句（例如，GOTO，DO，END）的程序段。

（3）包含宏程序调用指令（例如，用 G65，G66，G67 或其他 G 代码，M 代码调用宏程序）的程序段。除了宏程序语句以外的任何程序段都为 NC 语句。

说明：

（1）与 NC 语句的不同。即使置于单程序段运行方式，机床也不停止。但是，当参数 NO.6000 #5 SBM 设定为 1 时，在单程序段方式中，机床停止。

（2）在刀具半径补偿方式中宏程序语句段不作为不移动程序段处理。

（3）与宏程序语句有相同性质的 NC 语句。如果 NPS（参数 NO.3450 #4）为 1，满足以下条件时程序段中的 NC 语句可认为与宏程序语句性质相同：

①含有子程序调用指令（例如，用 M98 或其他 M 代码或用 T 代码调用子程序）但没有除 O，N 或 L 地址之外的其他地址指令的 NC 语句其性质与宏程序相同。

②不包含除 O，N，P 或 L 以外的指令地址的程序段其性质与宏程序语句相同。

五、转移和循环

在程序中，使用 GOTO 语句和 IF 语句可以改变控制的流向。有三种转移和循环操作可供使用。

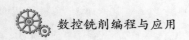
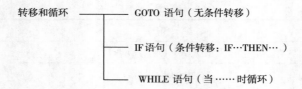

1. 无条件转移（GOTO 语句）

转移到标有顺序号 N 的程序段。当指定 1 到 99999 以外的顺序号时，出现 P/S 报警 No. 128。可用表达式指定顺序号。

GOTO n；n：顺序号（1~99999）

例：

GOTO 1；

GOTO #10；

2. 条件转移（IF 语句）

IF［<条件表达式>］GOTO n：

如果指定的条件表达式满足时，转移到标有顺序号 n 的程序段。如果指定的条件表达式不满足，执行下个程序段。

如果变量#1 的值大于 10，转移到顺序号 N2 的程序段。

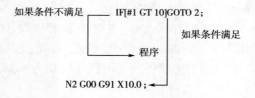

IF［<条件表达式>］THEN：

如果条件表达式满足，执行先决定的宏程序语句。只执行一个宏程序语句。

说明：

条件表达式必须包括运算符。运算符插在两个变量中间或变量和常数中间，并且用括号（［，］）封闭。表达式可以替代变量。

运算符由 2 个字母组成，用于两个值的比较，以决定它们是相等还是一个值小于或大于另一个值。注意，不能使用不等符号，如表 7-2 所示。

表 7-2　　　　　　　　　　　　　运算符

运算符	含义
EQ	等于（=）
NE	不等于（≠）

续表

运算符	含义
GT	大于 (>)
GE	大于或等于 (≥)
LT	小于 (<)
LE	小于或等于 (≤)

3. 循环 (WHILE 语句)

在 WHILE 后指定一个条件表达式, 当指定条件满足时, 执行从 DO 到 END 之间的程序。否则, 转到 END 后的程序段。

说明: 当指定的条件满足时, 执行 WHILE 从 DO 到 END 之间的程序。否则, 转而执行 END 之后的程序段。这种指令格式适用于 IF 语句。DO 后的号和 END 后的号是指定程序执行范围的标号, 标号值为 1, 2, 3。若用 1, 2, 3 以外的值会产生 P/S 报警 No. 126。

4. 嵌套

在 DO-END 循环中的标号 (1 到 3) 可根据需要多次使用。但是, 当程序有交叉重复循环 (DO 范围的重叠) 时, 出现 P/S 报警 No. 124。

说明:

无限循环: 当指定 DO 而没有指定 WHILE 语句时, 产生从 DO 到 END 的无限循环。

处理时间: 当在 GOTO 语句中有标号转移的语句时, 进行顺序号检索。反向检索的时间要比正向检索长。用 WHILE 语句实现循环可减少处理时间。

未定义的变量在使用 EQ 或 NE 的条件表达式中, <空>和零有不同的效果。在其他形式的条件表达式中, <空>被当作零。

示例程序:

下面的程序计算数值 1 到 10 的总和。

O0001;	#1 = #1 + #2;
#1 = 0;	#2 = #2 + 1;
#2 = 1;	END 1;
WHILE [#2 LE 10] DO 1;	M30;

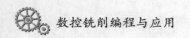
六、宏程序调用

1. 调用宏程序的方法

宏程序调用 —— 非模态调用（G65）

模态调用（G66，G67）

用 G 代码调用宏程序

用 M 代码调用宏程序

用 M 代码调用子程序

用 T 代码调用子程序

2. 宏程序调用和子程序调用之间的差别

宏程序调用（G65）不同于子程序调用（M98），如下所述：

（1）用 G65，可以指定自变量（数据传送到宏程序）。M98 没有该功能。

（2）当 M98 程序段包含另一个 NC 指令（例如，G01 X100.0 M98 P—）时，在指令执行之后调用子程序。相反，G65 无条件地调用宏程序。

（3）M98 程序段包含另一个 NC 指令（例如，G01 X100.0 M98 P—）时，在单程序段方式中，机床停止。相反，G65 机床不停止。

（4）用 G65，改变局部变量的级别。用 M98，不改变局部变量的级别。

七、椭圆宏程序公式

椭圆非圆曲线标准解析方程： $x^2/a^2 + y^2/b^2 = 1$

椭圆非圆曲线参数方程： $X = a * \cos t$ ； $Y = b * \sin t$

八、椭圆宏程序流程图

程序流程图简称为流程图，是一种传统的算法表示法。程序流程图是人们对解决问题的方法、思路或算法的一种描述。它利用图形化的符号框来代表各种不同性质的操作，并用流程线来连接这些操作。在程序的设计（在编码之前）阶段，通过画流程图，可以帮助我们理清程序思路。流程图是用于清晰表达程序走向的图形，根据图 7-2 所示的椭圆轮廓，将其划分为 360 度，并以其作为循环终止的条件。

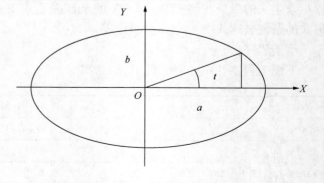

图 7-2　参数角度图

采用参数编程前，设计的椭圆流程图如图7-3所示。

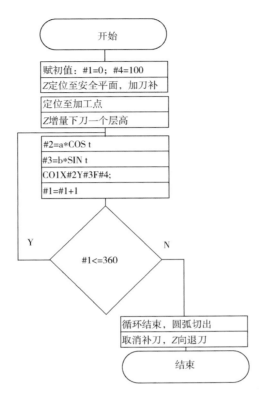

图7-3 椭圆流程图

完成流程图后，进行椭圆的参数定义，其详细参数如表7-3所示。

表7-3　　　　　　　　　　椭圆参数定义表

参数内容	参数变量	含义
	#1	椭圆角度值
	#2	椭圆动点在 X 方向的分量值
	#3	椭圆动点在 Y 方向的分量值
F	#4	进给速度
A	#5	椭圆 X 方向长半轴 a
B	#6	椭圆 Y 方向短半轴 b

九、椭圆切入切出方式

为避免切入切出处产生刀痕，选择圆弧切入和圆弧切出方式，在椭圆的切入处引入圆弧 $R11$mm 切入，切出也选用 $R11$mm 圆弧切出，如图7-4所示。

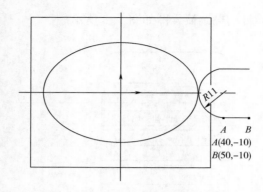

图 7-4　圆弧切入及切出

 **项目实施**

轮廓零件图如图 7-1 所示，此零件要求对圆弧槽进行铣削，在立式数控铣床上完成零件的加工。

一、制定加工工艺

1. 分析零件图

如图 7-1 所示，椭圆凸台零件 X 方向长度为 60mm，Y 方向长度为 40mm，Z 方向长度为 16mm，毛坯为 80mm×80mm×18mm。首先，将该毛坯铣削至 70mm×60mm×16mm，其次，铣削椭圆凸台轮廓，保证其轮廓表面粗糙度为 1.6μm。将工件原点建立在椭圆的 XY 对称中心，Z 方向设在工件的顶平面 Z 方向 16mm 处。由于数控系统不具有椭圆轮廓曲线编程功能，需要使用宏程序编程指令完成零件加工。

2. 确定装夹方案及工艺路线

椭圆凸台零件加工时，先采用平口虎钳装夹，底部用垫铁支承，铣削 3mm 的夹持面，翻面以 3mm 夹持面为粗精基准铣削外轮廓及椭圆凸台至 70mm×60mm×16mm。最后铣掉夹持面，保证总高 16mm。

3. 刀具与切削用量（表 7-4）

表 7-4　　　　　　　　　　　　　　　刀具与切削用量

刀具号	刀具规格	工步内容	f /（mm/min）	a_p /mm	n /（r/min）
T01	Φ16mm 三刃立铣刀	粗铣外轮廓及椭圆凸台	80	1.5	800
T02	Φ10mm 三刃立铣刀	精铣外轮廓及椭圆凸台	150	0.5	1200

4. 制定工艺文件

（1）工具、量具清单见表7-5。

表7-5   工具、量具清单

序号	名称	规格（mm）	精度	单位	数量
1	Z轴定向器	50	0.01	个	1
2	寻边器	$\Phi10$	0.01	个	1
3	游标卡尺	0~150	0.02	把	1
4	游标深度尺	0~250	0.02	把	1
5	百分表及磁力表座	0~10	0.01	套	1
6	表面粗糙度样板	N0~N1	12级	副	1
7	平口虎钳			个	1
8	垫铁			副	若干
9	塑料榔头			个	1
10	呆扳手			把	1
11	防护眼镜			副	1

（2）数控加工工序卡（表7-6）。

表7-6   椭圆凸台零件数控加工工序卡

材料	45钢	零件图号			数控系统	FANUC	工序号	
工步	工步内容 （走刀路线）		装夹 序号	T刀具	切削用量			
					转速 n / （r/min）	进给速度 f / （mm/min）	吃刀量 a_p/mm	
1	铣夹持面，用百分表找正平口虎钳后铣夹持面		1	T01	800	80	1.5	
2	粗铣外轮廓及椭圆凸台		2	T01	800	80	1.5	
3	精铣外轮廓及椭圆凸台		2	T02	1200	150	0.5	

二、编程（参考程序）

（1）设定编程原点，一次安装，选择毛坯上表面中心为坐标系原点，加工坐标系设在G54上。

（2）参考程序见表7-7。

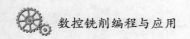

表 7-7　　　　　　　　　　　　　　数控加工参考程序

程序卡	编程原点		上表面 Φ100 圆心		编写日期	
	零件名称	椭圆凸台	零件图号		材料	铝合金
	机床型号	KVC650	夹具名称	平口虎钳	实训车间	
程序数	1			数控系统	FANUC 0i	
序号	程序			简要说明		
	O00001			子程序		
N10	#9＝100；			进给速度		
N20	#1＝0；			初始角度		
N30	#5＝30；			X 长半轴		
N40	#6＝20；			Y 短半轴		
N50	G00 X50 Y0；			X、Y 平面定位		
N60	M03 S2500；			主轴正转 2500r/min		
N70	G00 Z2 M8；			刀具 Z 向定位		
N80	G0 X50 Y−10；			刀具 X 向定位		
N90	G42 X40 D01；			加入刀具半径右补偿		
N100	G91 G01 Z−3 F#9；			Z 向下刀		
N110	G90 G02 X30 Y0 R11；			圆弧切入		
N120	WHILE［#1LE360］DO1；			判断是否加工到 360		
N130	#2＝#5＊COS#1；					
N140	#3＝#6＊SIN#1；					
N150	G1X#2 Y#3F #9；			直线插补		
N160	#1＝#1+1；			角度增 1		
N170	END1；					
N180	G02 X40 Y10 R11；			圆弧切出		
N190	G01 X50 G40；			取消刀补		
N200	G00 Z100 M09；			Z 向退刀		
N210	Y0；			Y 退刀		
N220	M99；			子程序调用结束		
N230	％					
N240	O0088；			主程序		
N250	G54 G90 G94 G0 Z100；			设置工件坐标系		

续表

程序卡	编程原点	上表面 $\Phi100$ 圆心		编写日期	
	零件名称	椭圆凸台	零件图号	材料	铝合金
	机床型号	KVC650	夹具名称	平口虎钳	实训车间
N260	G00 X50 Y0;		定位		
N270	M03 S2500;				
N280	G00 Z5;		Z向定位至5mm，检查Z向坐标是否正确		
N290	G01 G90 Z0 F200;		Z向定位至0		
N300	M98 P0008;		第一次调用		
N310	G90 G01 Z-3 F200;		Z向定位至-3mm		
N320	M98 P0008;		第二次调用		
N330	G90 G00 Z100;				
N340	G00 X0 Y0;				
N350	M30;		程序结束，返回程序起点		

三、椭圆凸台零件数控加工

将编好的数控程序传到 KVC650 数控铣床，装夹毛坯，建立工件坐标系，设置相关参数，加工零件，主要操作要点如下。

1. 加工准备

（1）阅读零件图，并按毛坯图检查坯料的尺寸。

（2）开机，机床回参考点。

（3）输入程序并检查该程序。

（4）安装夹具，夹紧工件。

（5）准备刀具。

2. 操作过程

（1）X，Y 向对刀。将寻边器装在主轴上，手动移动寻边器沿 X（或 Y）向靠近被测边，轻微接触到工件表面，保持 X（或 Y）坐标不变，在 G54 坐标系设置界面中，输入 X-5，按测量。

（2）Z 向对刀。采用 Z 轴设定器对刀。安装 $\Phi20$ 立铣刀，手动向下移动刀具，使铣刀的底刃与 Z 轴设定器接触，在 G54 坐标系设置界面中，输入 Z50，按测量。

（3）刀具长度补偿的设定。首先将 $\Phi20$ 立铣刀作为标准刀，设置 H02 = 0，把 $\Phi10$ 立铣刀与 $\Phi20$ 立铣刀的长度差值设置为 H03。

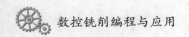

（4）输入刀具补偿。在步骤（2）的 Z 向对刀时已经完成刀具长度补偿数值的输入。然后需要输入刀具的半径补偿值。粗加工选用 $\Phi20$ 立铣刀时，D02 为 10.2mm，精加工选用 $\Phi10$ 立铣刀，D03 为 5mm。

（5）程序调试。把工件坐标系的 Z 值朝正方向平移 50mm，方法是在工件坐标系参数 G54（EXT）中输入 50，按下启动键，适当降低进给速度，检查刀具运动是否正确。

（6）工件加工。把工件坐标系参数 G54（EXT）的 Z 值恢复原值，将进给速度调到低挡，按下启动键。机床加工时，适当调整主轴转速和进给速度，保证加工正常。

（7）工件测量。程序执行完毕后，返回到设定高度，机床自动停止。除测量尺寸外，必须用百分表检查工件上表面的平面度是否在要求的范围内。

（8）结束加工。松开夹具，卸下工件，清理机床。

3. 注意事项

（1）使用刀具半径补偿时，应避免过切现象。使用刀具半径补偿和去除刀具半径补偿时，刀具必须在所补偿的平面内移动，且移动距离应大于刀具半径补偿值。加工半径小于刀具半径的内圆弧时，进行半径补偿将产生过切削，只有过渡圆角 R 大于等于刀半径 R+精加工余量的情况下才能正常切削；铣削槽底小于刀具半径时将产生过切削。

（2）在通常情况下，铣刀不用来直接铣孔，防止刀具崩刃。对于没有型腔的内轮廓的加工，不可以用铣刀直接向下铣削，在没有特殊要求的情况下，一般先加工预制工艺孔。

（3）要注意刀具半径的影响，在 X，Y 向对刀时要根据具体情况加上或减去对刀使用的刀具半径。

项目评价

评分表如表 7-8 所示。

表 7-8　　　　　　　　　　　　　　评分表

评分表						
姓名				学号		
序号	项目	检测内容	占分	评分标准	实测	得分
1	铣削加工	确定零件尺寸及平面	70	超差酌情扣分		
2	文明生产	发生重大安全事故 0 分；按照有关规定每违反一项从总分中扣除 10 分				
3	其他项目	工件必须完整，工件局部无缺陷（如夹伤、划痕等），每项扣 5 分				
4	程序编制	程序 30 分，程序中严重违反工艺规程的 0 分；其他问题酌情扣分				
5	加工时间	总时间 20min，时间到机床停电，交零件，超时酌情扣分				
合计						
操作时间		开始：　　　时　　　分；结束：　　　时　　　分				
记录员		监考员		检验员		考评员

拓展练习

根据所学知识，编制下列零件（图 7-5）数控加工工艺、程序，上机加工或数控仿真。

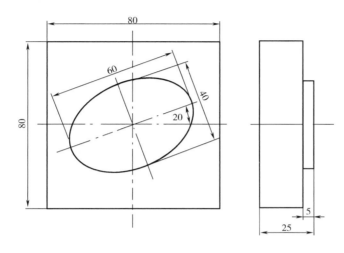

图 7-5　斜椭圆凸台零件

项目八 自动编程——CAXA制造工程师

学习目标

1. 了解自动编程的流程
2. 学会使用 CAXA 制造工程师绘制平面图形、立体建模、二轴铣削加工的一些基本方法、步骤和各种命令的使用
3. 掌握实体建模，设计加工工艺流程，刀具路径的生成、刀路验证和后处理
4. 掌握三轴铣削加工中的等高线粗加工、等高线精加工的加工形式以及专用参数的设置和步骤

项目导读

完成如图 8-1 所示形状的零件的三维建模和自动编程。

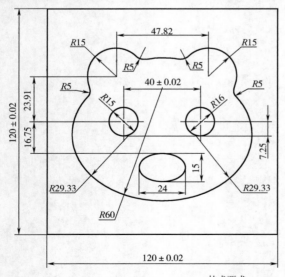
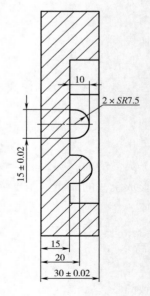

技术要求

1. 毛坯尺寸：120×120×35
2. 材料：45钢，正火处理
3. 未注尺寸公差按GB1804—M

图 8-1 零件图

相关知识

CAXA 制造工程师是北航海尔软件有限公司研制开发的全中文、面向数控铣床和加工中心的三维 CAD/CAM 软件。CAXA 制造工程师基于微机平台，采用原创 Windows 菜单和交互方式，全中文界面，便于学习和操作，并且价格较低。CAXA 制造工程师可以生成 3~5 轴的加工代码，可用于加工具有复杂三维曲面的零件。

一、简介

CAXA 制造工程师不仅是一款高效易学，具有很好工艺性的数控加工编程软件，而且还是一套 Windows 原创风格，全中文三维造型与曲面实体完美结合的 CAD/CAM 一体化系统。CAXA 制造工程师为数控加工行业提供了从造型设计到加工代码生成、校验一体化的全面解决方案。

二、功能特点

1. 曲面完美结合

（1）方便的特征实体造型。采用精确的特征实体造型技术，可将设计信息用特征术语来描述，简便而准确。通常的特征包括孔、槽、型腔、凸台、圆柱体、圆锥体、球体和管子等，CAXA 制造工程师可以方便地建立和管理这些特征信息。实体模型的生成可以用增料方式，通过拉伸、旋转、导动、放样或加厚曲面来实现，也可以通过减料方式，从实体中减掉实体或用曲面裁剪来实现，还可以用等半径过渡、变半径过渡、倒角、打孔、增加拔模斜度和抽壳等高级特征功能来实现。

（2）强大的 NURBS 自由曲面造型。CAXA 制造工程师从线框到曲面，提供了丰富的建模手段。可通过列表数据、数学模型、字体文件及各种测量数据生成样条曲线，通过扫描、放样、拉伸、导动、等距、边界网格等多种形式生成复杂曲面，并可对曲面进行任意裁剪、过渡、拉伸、缝合、拼接、相交和变形等，建立任意复杂的零件模型。通过曲面模型生成的真实感图可直观显示设计结果。

（3）灵活的曲面实体复合造型。基于实体的"精确特征造型"技术使曲面融合进实体中，形成统一的曲面实体复合造型模式。利用这一模式，可实现曲面裁剪实体、曲面生成实体、曲面约束实体等混合操作，是用户设计产品和模具的有力工具。

2. 高效数控加工

CAXA 制造工程师将 CAD 模型与 CAM 加工技术无缝集成，可直接对曲面、实体模型进行一致的加工操作。支持轨迹参数化和批处理功能，明显提高工作效率。支持高速切削，大幅度提高加工效率和加工质量。通用的后置处理可向任何数控系统输出加工代码。

（1）两轴到三轴的数控加工功能，支持 4~5 轴加工。两轴到两轴半加工方式：可直接利用零件的轮廓曲线生成加工轨迹指令，而无需建立其三维模型；提供轮廓加工和区

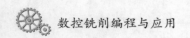

域加工功能，加工区域内允许有任意形状和数量的岛。可分别指定加工轮廓和岛的拔模斜度，自动进行分层加工。三轴加工方式：多样化的加工方式可以安排从粗加工、半精加工到精加工的加工工艺路线。4~5轴加工模块提供曲线加工、平切面加工、参数线加工、侧刃铣削加工等多种4~5轴加工功能。标准模块提供2~3轴铣削加工。4~5轴加工为选配模块。

（2）支持高速加工。本系统支持高速切削工艺，以提高产品精度，降低代码数量，使加工质量和效率大大提高。可设定斜向切入和螺旋切入等接近和切入方式，拐角处可设定圆角过渡，轮廓与轮廓之间可通过圆弧或S字形方式来过渡形成光滑连接，从而生成光滑刀具轨迹，有效地满足了高速加工对刀具路径形式的要求。

（3）参数化轨迹编辑和轨迹批处理。CAXA制造工程师的"轨迹再生成"功能可实现参数化轨迹编辑。用户只需选中已有的数控加工轨迹，修改原定义的加工参数表，即可重新生成加工轨迹。CAXA制造工程师可以先定义加工轨迹参数，而不立即生成轨迹。工艺设计人员可先将大批加工轨迹参数事先定义而在某一集中时间批量生成。这样，合理地优化了工作时间。

（4）独具特色的加工仿真与代码验证。可直观、精确地对加工过程进行模拟仿真、对代码进行反读校验。仿真过程中可以随意放大、缩小、旋转，便于观察细节，可以调节仿真速度；能显示多道加工轨迹的加工结果。仿真过程中可以检查刀柄干涉、快速移动过程（G00）中的干涉、刀具无切削刃部分的干涉情况，可以将切削残余量用不同颜色区分表示，并把切削仿真结果与零件理论形状进行比较等。

（5）加工工艺控制。CAXA制造工程师提供了丰富的工艺控制参数，可以方便地控制加工过程，使编程人员的经验得到充分的体现。

（6）通用后置处理。全面支持SIEMENS、FANUC等多种主流机床控制系统。CAXA制造工程师提供的后置处理器，无须生成中间文件就可直接输出G代码控制指令。系统不仅可以提供常见的数控系统的后置格式，用户还可以定义专用数控系统的后置处理格式。可生成详细的加工工艺清单，方便G代码文件的应用和管理。

 **项目实施**

一、分析图纸，绘制草图，三维建模

首先，看图弄清零件的立体形状，然后构思出零件的建模思路，绘制出零件的三维模型图。

二、加工方法选用

本零件是由一个边长120mm×120mm×30mm正方体的板状零件，在坯料中间有一熊猫脸型的封闭槽，槽中上部分由熊猫2个眼球的圆柱及半球体的凸起组合体构成，槽中下部分由1个熊猫嘴型的椭圆柱及半椭球的组合体构成。对120mm×120mm×32.5mm的半成品坯料进行"平面区域粗加工"，保证零件30mm的厚、平面光洁度及公差；采用

"区域式粗加工"成型熊猫脸型的封闭槽及中间眼、嘴的圆柱形岛屿的粗加工,然后再分别采用"轮廓线精加工"铣削脸型轮廓及岛屿轮廓精加工余量;先后分别采用"等高线粗加工""等高线精加工"对2个熊猫眼和1个熊猫嘴进行先粗后精的成型加工。

三、夹具的选用

本零件的装夹定位面为两侧面及底面,夹具选用平口钳较为适合,在保证工件装夹刚性、稳定性以外,工件应露出钳口上方15mm。

四、工件坐标系的设定

以本零件造型时采用的全局坐标系为工件坐标系原点,即工件上表面的中心。加工对刀时考虑全局坐标系与工件坐标系的一致性。

五、加工参数的选用

根据经验及相关刀具加工相关材料时的推荐参数范围拟定加工参数,如表8-1所示(工件材料为45钢,采用硬质合金材料铣刀,采用轻载高速)。

表8-1　　　　　　　　　　　　　　　加工策略及参数

序号	加工方式	刀具材料	刀具参数	主轴转速（r/min）	进给速度（mm/min）	切削深度（mm）	安全高度（mm）	余量（mm）	走刀方式	补偿
1	平面区域粗加工	硬质合金	D20r0	2000	60	2.5	100	0	往复	—
2	区域式粗加工	硬质合金	D6r0	1500	60	3	100	0.5	往复	—
3	轮廓线精加工	硬质合金	D6r0	3000	300	2.5	100	0	轮廓环切	否
4	等高线粗加工	硬质合金	D8r4	1800	500	3	100	0.5	环切	否
5	等高线精加工	硬质合金	D5r2.5	3000	300	1	100	0	环切	否

六、操作步骤

1. 启动 CAXA 制造工程师

根据图纸进行三维建模,模型如图8-2所示。

图 8-2　三维模型

2. 设置加工文件

（1）模型参数设置。在轨迹树窗口双击模型，弹出"模型参数"窗口，进行如图 8-3 所示设置。

（2）定义毛坯。在轨迹树窗口双击 毛坯，弹出"定义毛坯–世界坐标系"窗口，进行如图 8-4 所示设置。

图 8-3　模型参数设置

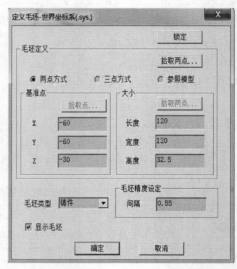

图 8- 4　定义毛坯

（3）设置全局轨迹起始点。在轨迹树窗口双击 起始点，弹出"全局轨迹起始点"窗口，进行如图 8-5 所示设置。

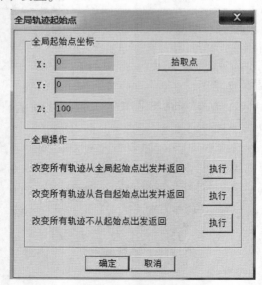

图 8-5　起始点设置

（4）后置设置。可以增加当前使用的机床，给出机床名，定义适合机床的后置格式。系统默认的格式为 FANUC 系统的格式。

①选择"加工"—"后置处理"—"机床后置"命令，弹出"机床后置"对话框，或在轨迹树窗口双击 ，弹出"机床后置"窗口，进行如图 8-6 所示设置。

图 8-6　机床信息设置

②增加机床设置：选择当前机床类型。

③后置处理设置：选择"后置处理"选项卡，根据当前的机床，设置各参数，如图 8-7 所示。

（5）定义刀具库，增加刀具，如图 8-8 所示。

七、铣削加工工艺流程及操作步骤

1. 平面区域粗加工

（1）"平面区域粗加工"的参数设置。选择下拉菜单"加工"—"粗加工"—"平面区域粗加工"或单击按钮 圖，弹出"平面区域粗加工"对话框。

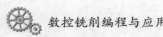
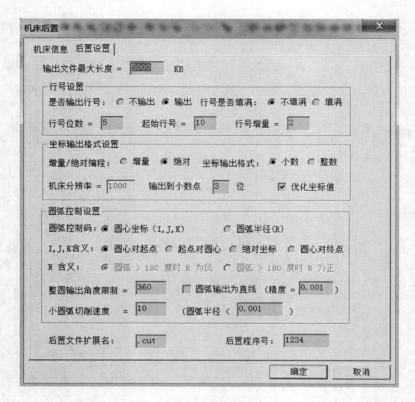

图 8-7　机床后置设置

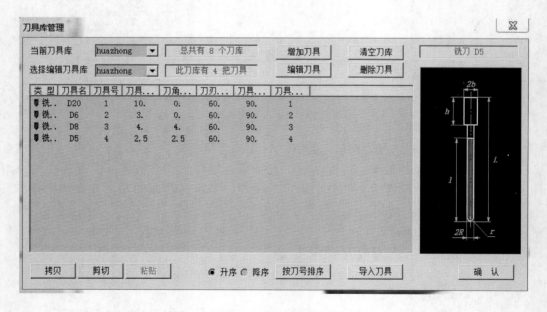

图 8-8　刀具库设置

①单击"加工参数"选项卡，如图8-9设置。

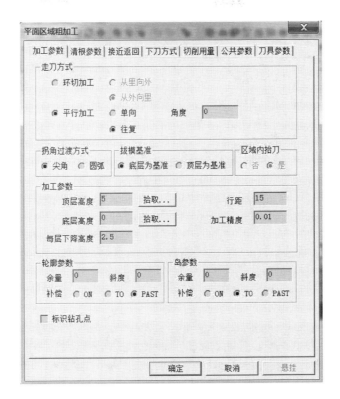

图8-9 加工参数设置

②单击"清根参数"选项卡，如图8-10设置。

③单击"接近返回"选项卡，如图8-11设置。

④单击"下刀方式"选项卡，如图8-12设置。

⑤单击"切削用量"选项卡，如图8-13设置。

⑥单击"公共参数"选项卡，如图8-14设置。

⑦单击"刀具参数"选项卡，如图8-15设置。

（2）生成刀具的轨迹。

①完成加工参数设置后，单击"确定"按钮，系统在界面的左下方提示"拾取轮廓"，拾取零件外面的120mm×120mm的实体边界，并选择串联方向，系统又提示"拾取岛屿"，直接单击鼠标右键即可，再直接单击鼠标右键即可。

（选择实体边界先要单击 指令，并选择 实体边界 后，在实体相应的实体边界处点击就会相应出现实体边界线。）

②单击鼠标右键确认，系统开始计算，稍后得出刀具轨迹如图8-16所示。

③隐藏刀具轨迹。

为了方便选取轮廓，应隐藏生成的刀具轨迹，可用以下两种方法实现：

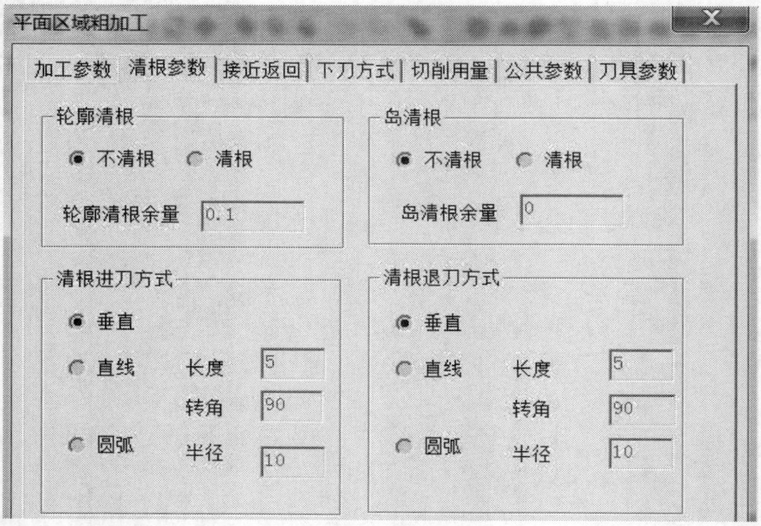

图 8-10　清根参数设置

图 8-11　接近返回设置

方法一：选择下拉菜单"编辑"—"隐藏"命令，单击左键拾取刀具轨迹，拾取的刀具轨迹变成红色，然后单击右键结束，即可隐藏刀具轨迹。

方法二：在轨迹树窗口直接单击选中刀具轨迹，然后单击右键，弹出下拉菜单，在

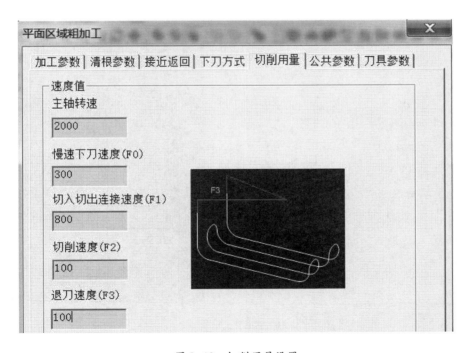

图 8-12 下刀方式设置

图 8-13 切削用量设置

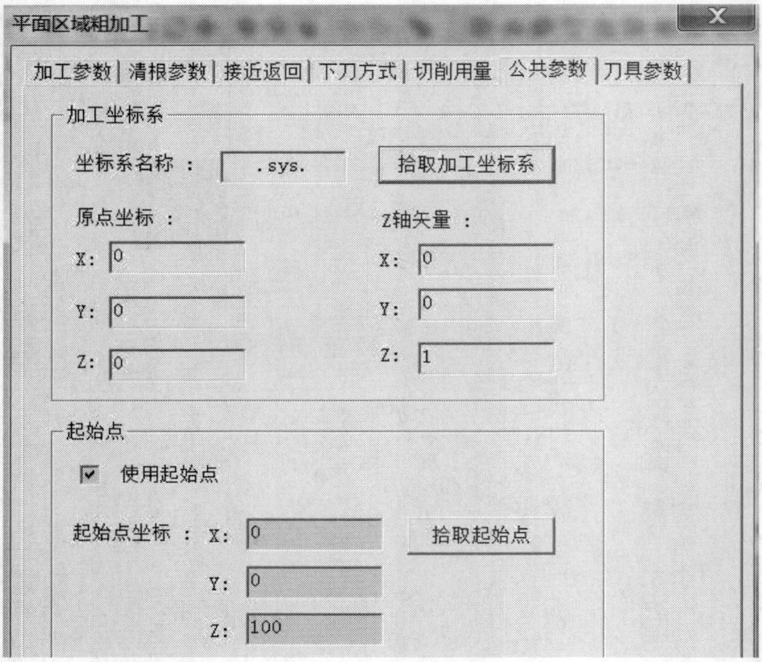

图 8-14 公共参数设置

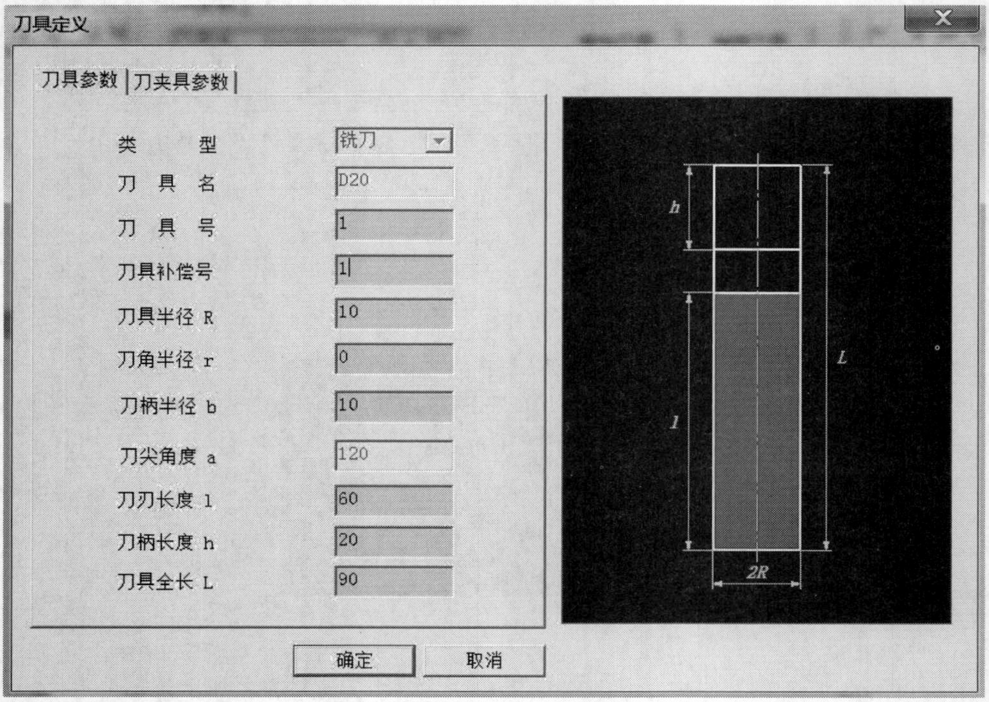

图 8-15 刀具参数设置

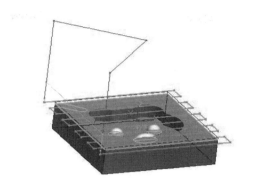

图 8-16　刀具轨迹生成

下拉菜单中选取"隐藏"命令，刀具轨迹就被隐藏了。

2. 区域式粗加工

（1）"区域式粗加工"的参数设置。选择下拉菜单"加工"—"粗加工"—"区域式粗加工"或单击按钮 ，弹出"区域式粗加工"对话框。

①单击"加工参数"选项卡，如图 8-17 设置。
②单击"切入切出"选项卡，如图 8-18 设置。
③单击"下刀方式"选项卡，如图 8-19 设置。
④单击"切削用量"选项卡，如图 8-20 设置。
⑤单击"加工边界"选项卡，如图 8-21 设置。
⑥单击"公共参数"选项卡，如图 8-22 设置。
⑦单击"刀具参数"选项卡，如图 8-23 设置。

（2）生成刀具的轨迹。

①完成加工参数设置后，单击"确定"按钮，系统在界面的左下方提示"拾取轮廓"，拾取零件中部的熊猫脸型的实体边界，并选择串联方向，系统又提示"拾取岛屿"，逐一选取三岛屿与熊猫槽底的实体边界线后，直接单击鼠标右键即可。

（选择实体边界先要单击 指令，并选择 实体边界 ▼ 后，在实体相应的边界处点击就会相应出现实体边界线。）

②单击鼠标右键确认，系统开始计算，稍后得出刀具轨迹如图 8-24 所示。
③隐藏刀具轨迹。

3. 轮廓线精加工

（1）"轮廓线精加工"参数设置。选择下拉菜单"加工"—"精加工"—"轮廓线精加工"，弹出"轮廓线精加工"对话框。

①单击"加工参数"选项卡，如图 8-25 设置。
②单击"切入切出"选项卡，如图 8-26 设置。

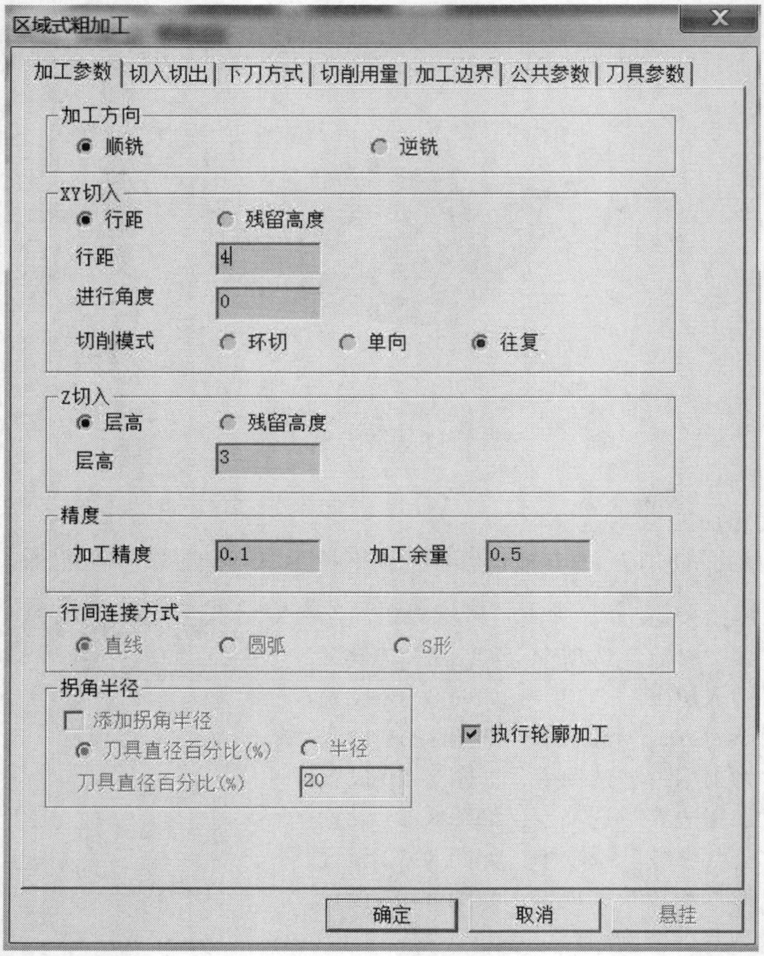

图 8-17　加工参数设置

③单击 "下刀方式" 选项卡, 如图 8-27 设置。

④单击 "切削用量" 选项卡, 如图 8-28 设置。

⑤单击 "加工边界" 选项卡, 如图 8-29 设置。

⑥单击 "公共参数" 选项卡, 如图 8-30 设置。

⑦单击 "刀具参数" 选项卡, 如图 8-31 设置。

（2）生成刀具的轨迹。

①完成加工参数设置后, 单击 "确定" 按钮, 系统在界面的左下方提示 "拾取轮廓", 拾取零件中部的熊猫脸型的实体边界, 并选择串联方向, 系统又提示 "拾取岛屿", 逐一选取三岛屿与熊猫槽底的实体边界线后, 直接单击鼠标右键即可。

（选择实体边界先要单击 📷 指令, 并选择  实体边界 ▼ 后, 在实体相应的边界处点击就会相应出现实体边界线）。

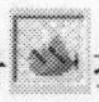

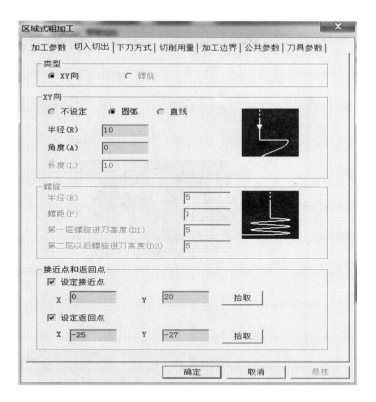

图 8-18 切入切出设置

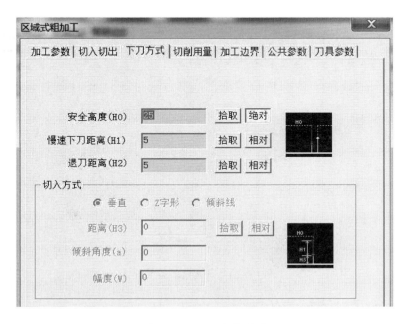

图 8-19 下刀方式设置

②单击鼠标右键确认，系统开始计算，稍后得出刀具轨迹如图 8-32 所示。

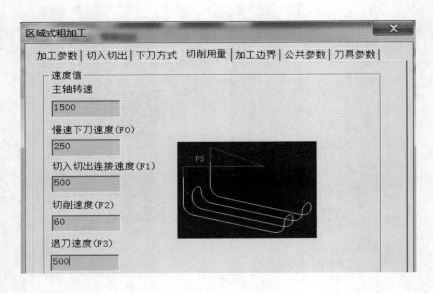

图 8-20　切削用量设置

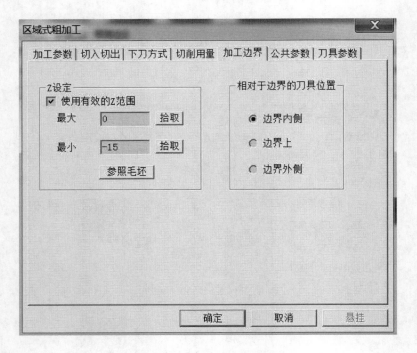

图 8-21　加工边界设置

③隐藏刀具轨迹。

4. 等高线粗加工

"等高线粗加工"是指按指定的等高距离逐步下降，一层一层地加工并基于补加工

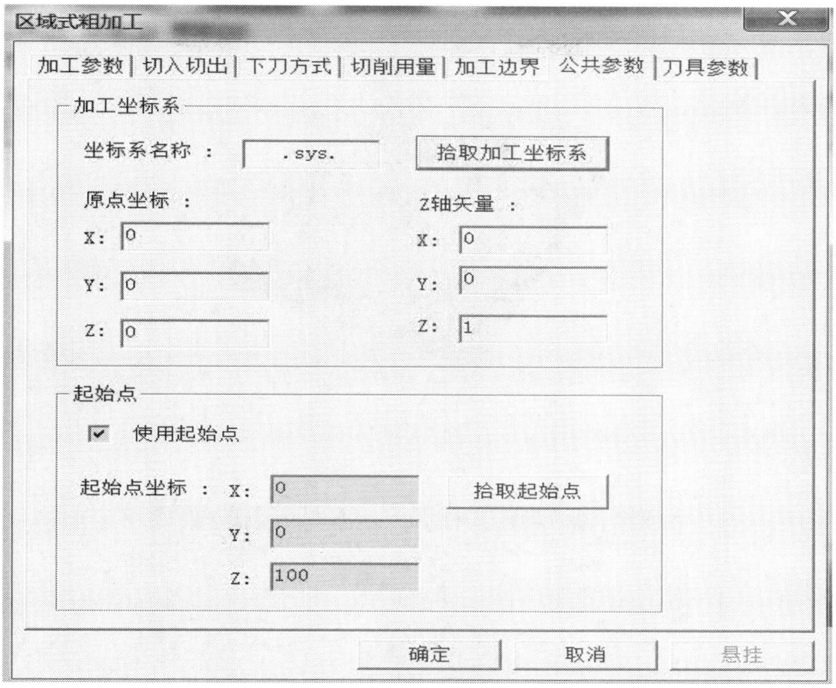

图 8-22 公共参数设置

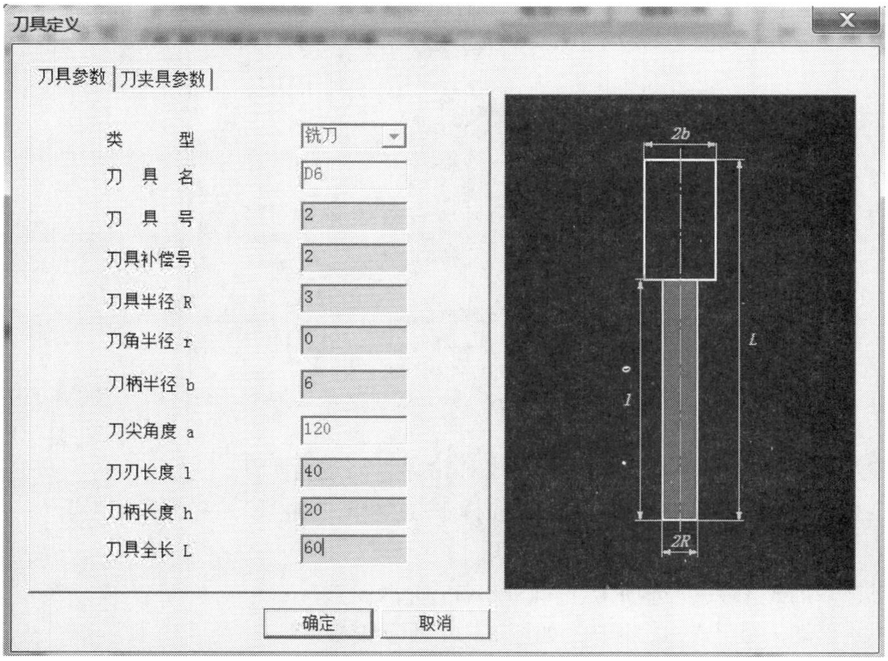

图 8-23 刀具参数设置

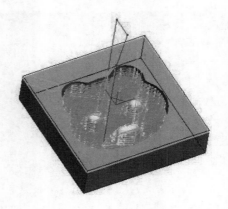

图 8-24　刀具轨迹生成

图 8-25　加工参数设置

的曲面或实体以截距相等的平面求出交线对轮廓、岛进行加工。

（1）"等高线粗加工"参数设置。选择下拉菜单"加工"—"粗加工"—"等高线粗加工"，弹出"等高线粗加工"对话框。

①单击"加工参数"选项卡，如图 8-33 所示设置。

②单击"切入切出"选项卡，如图 8-34 所示设置。

③单击"下刀方式"选项卡，如图 8-35 设置。

④单击"切削用量"选项卡，如图 8-36 设置。

⑤单击"加工边界"选项卡，如图 8-37 设置。

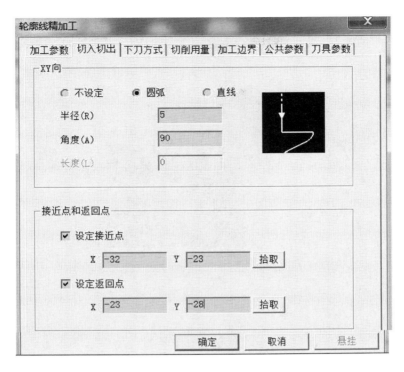

图 8-26 切入切出设置

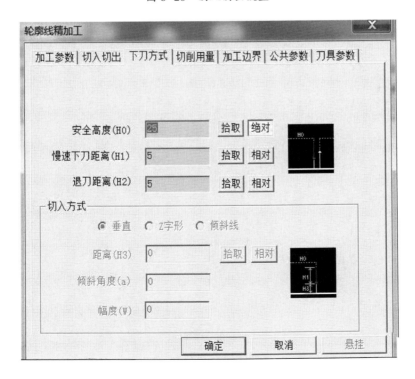

图 8-27 下刀方式设置

数控铣削编程与应用

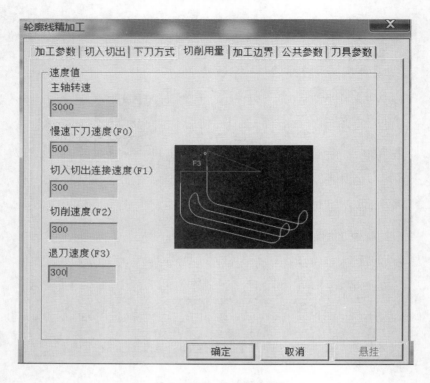

图 8-28 切削用量设置

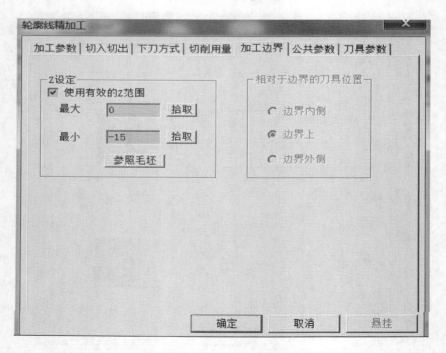

图 8-29 加工边界设置

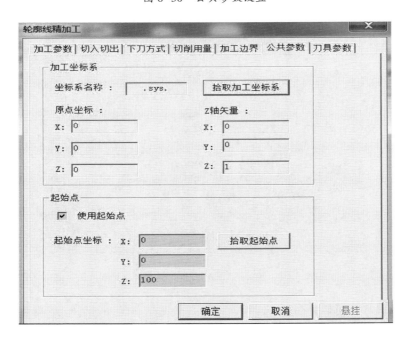

图 8-30 公共参数设置

图 8-31 刀具参数设置

⑥单击"公共参数"选项卡，如图 8-38 设置。
⑦单击"刀具参数"选项卡，如图 8-39 设置。

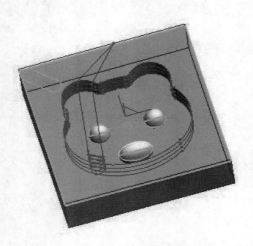

图 8-32　刀具轨迹生成

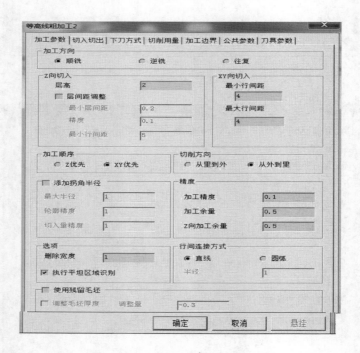

图 8-33　加工参数设置

（2）生成刀具的轨迹。

①完成加工参数设置后，单击"确定"按钮，系统在界面的左下方提示"拾取轮廓"，拾取零件中部的熊猫眼的实体边界，并选择串联方向，系统又提示"拾取岛屿"，直接单击鼠标右键即可，再直接单击鼠标右键即可。

（选择实体边界先要单击 🔧 指令，并选择 **实体边界** ▼ 后，

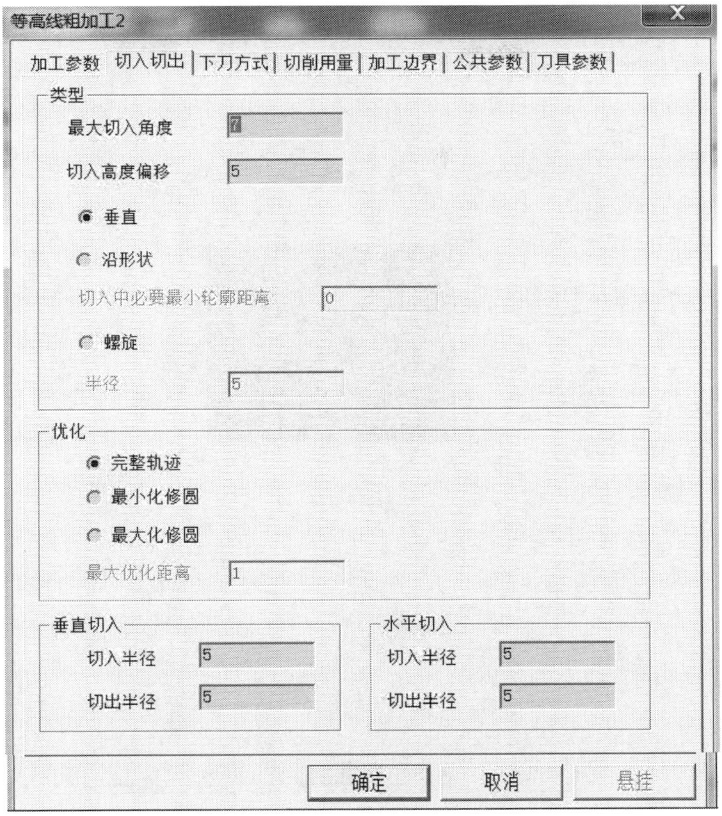

等高线粗加工2

加工参数 | 切入切出 | 下刀方式 | 切削用量 | 加工边界 | 公共参数 | 刀具参数

类型

最大切入角度   7

切入高度偏移   5

○ 垂直

○ 沿形状

切入中必要最小轮廓距离   0

○ 螺旋

半径   5

优化

● 完整轨迹

○ 最小化修圆

○ 最大化修圆

最大优化距离   1

垂直切入

切入半径   5

切出半径   5

水平切入

切入半径   5

切出半径   5

确定   取消   悬挂

图 8-34 切入切出设置

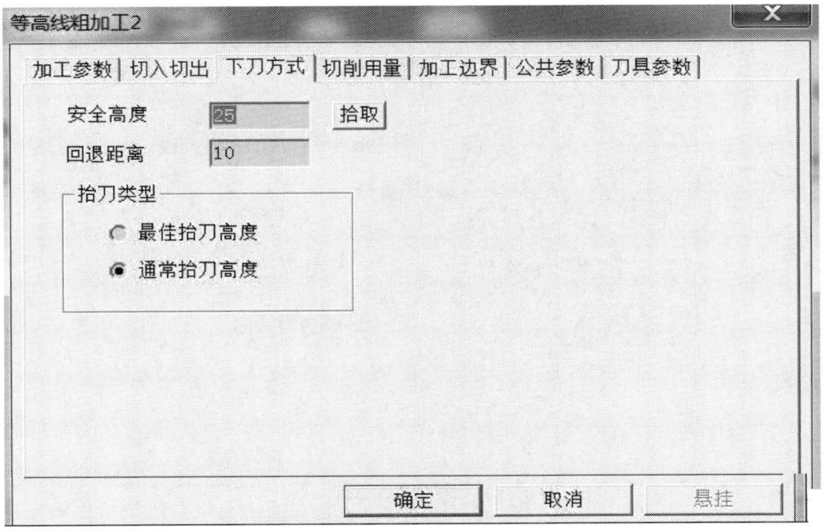

等高线粗加工2

加工参数 | 切入切出 | 下刀方式 | 切削用量 | 加工边界 | 公共参数 | 刀具参数

安全高度   25   拾取

回退距离   10

抬刀类型

○ 最佳抬刀高度

● 通常抬刀高度

确定   取消   悬挂

图 8-35 下刀方式设置

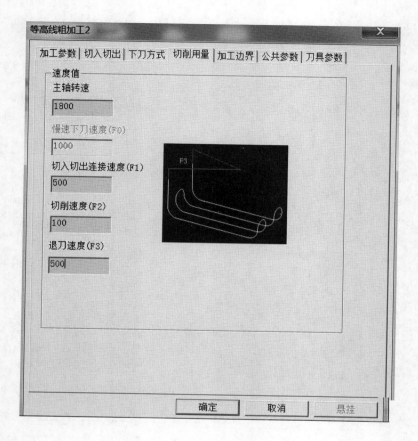

图 8-36　切削用量设置

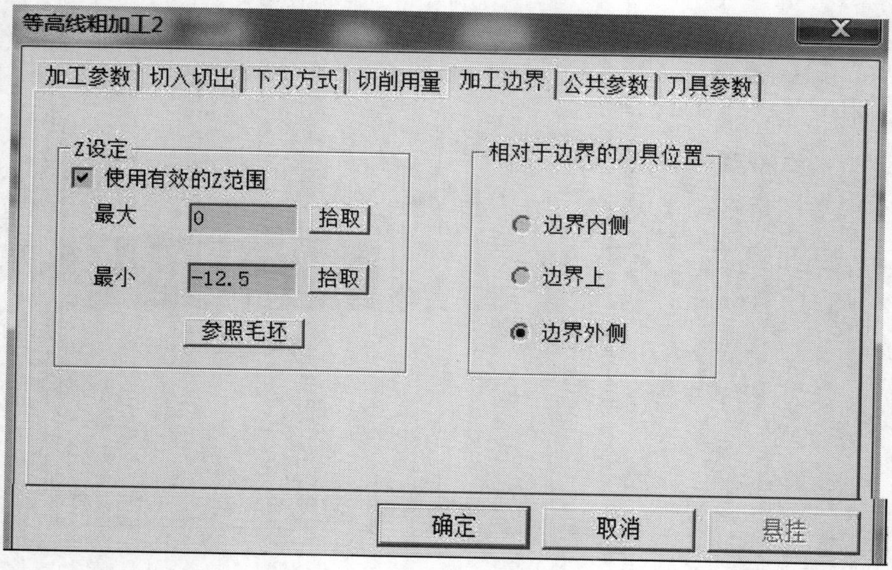

图 8-37　加工边界设置

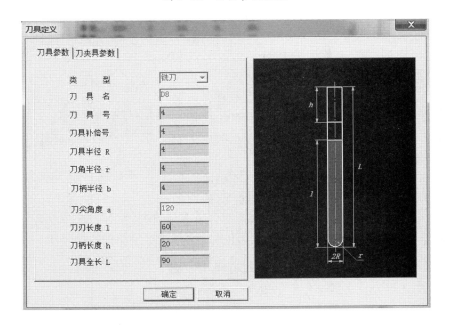

图 8-38 公共参数设置

图 8-39 刀具参数设置

在实体相应的边界处点击就会相应出现实体边界线）。

②单击鼠标右键确认，系统开始计算，稍后得出刀具轨迹如图 8-40 所示。

③隐藏刀具轨迹。

（3）另外一只熊猫眼及嘴型等高线粗加工参数设置如上。生成轨迹分别如图 8-41、图 8-42 所示。

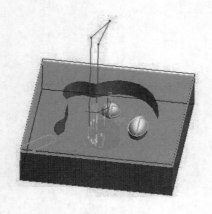

图 8-40　刀具轨迹生成（1）

图 8-41　刀具轨迹生成（2）

5. 等高线精加工

"等高线精加工"可以用加工范围和高度限定进行局部等高加工；可以自动在轨迹尖角拐角处增加圆弧过渡，保证轨迹的光滑，使生成的加工轨迹适合于高速加工；可以通过输入角度控制对平坦区域的识别，并可以控制平坦区域的加工先后次序。

"等高线精加工"的操作步骤与以上一样，只是所选刀具是"D5r2.5"，主轴转速是"3000r/min"，Z 轴切入层高为"1mm"，切削速度为"100mm/min"，切削模式为"环切"。

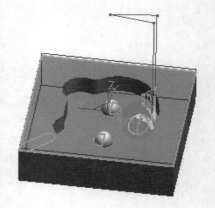

图 8-42　刀具轨迹生成（3）

完成等高线精加工参数设置后，单击"确定"按钮，系统在界面的左下方提示"拾取轮廓"，拾取零件中部的 2 个熊猫眼和 1 个嘴型的实体边界，并选择串联方向，系统又提示"拾取岛屿"，直接单击鼠标右键即可，再直接单击鼠标右键即可。（分别单独操作）

（选择实体边界先要单击 指令，并选择 实体边界 ▼ 后，在实体相应的边界处点击就会相应出现实体边界线）。

单击鼠标右键确认，系统开始计算，稍后得出刀具轨迹如图 8-43、图 8-44、图 8-45 所示。

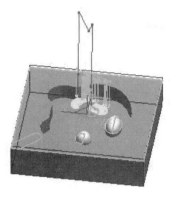

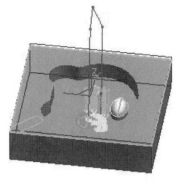

图 8-43 刀具轨迹生成 （4）　　图 8-44 刀具轨迹生成 （5）　　图 8-45 刀具轨迹生成 （6）

6. 实体仿真、检验与修改

（1）选择下拉菜单"加工"—"实体仿真"命令，如图 8-46 所示，按先后顺序连续选取加工轨迹，单击鼠标右键结束，或在工作区和加工管理窗口依次拾取若干轨迹（拾取时按住 Ctrl 键），然后在加工管理窗口区中单击右键，弹出快捷菜单，单击"实体仿真"，如图 8-47 所示（局部图），系统弹出"CAXA 实体仿真"界面。

图 8-46 实体仿真

（2）在仿真界面中，选择下拉菜单"工具"—"仿真"命令，或直接单击"实体仿真"按钮 ![btn]，系统立即进行加工仿真，并弹出"仿真加工"对话框，如图 8-48 所示。

（3）在仿真界面中，选择下拉菜单"工具"—"仿真"命令，或直接单击"实体仿真"按钮 ![btn]，系统立即进行加工仿真，并弹出"仿真加工"对话框，仿真结束，如图 8-49 所示。

（4）观察仿真加工的走刀路线，检查判断刀具路径是否正确、合理（有无过切等错误发生）。若有非原则上的错误，可通过选中下拉菜单"修改"下的命令对刀具轨迹进行编辑和修改。

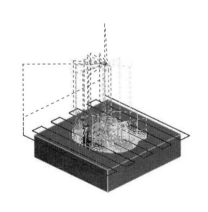

图 8-47 仿真效果图

7. 后处理

（1）生成 G 代码是按照当前机床类型的配置要求，把已经生成的加工轨迹转化生成 G 代码数据文件，即 CNC 数控程序，有了数控程序就可以直接输入机床进行数控加工。

（2）操作步骤如下：

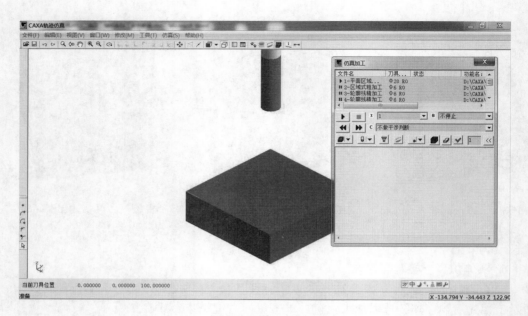

图 8-48　仿真加工

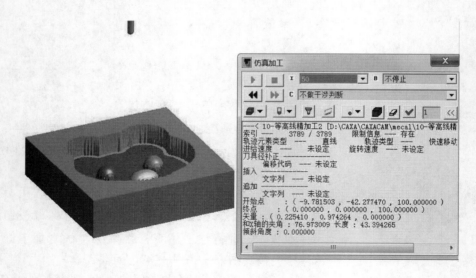

图 8-49　仿真加工最终结果

①选择下拉菜单"加工"—"后置处理"—"生成 G 代码"命令，系统自动弹出"生成后置代码"对话框。选择存取后置文件（ ＊.cut ）的地址，并填写后置程序文件名，可对其进行编辑，如图 8-50 所示。

②输入完文件名后选择"保存"按钮，系统提示"拾取加工轨迹"，应按顺序依次拾取加工轨迹。当拾取到加工轨迹后，该加工轨迹变为被拾取颜色。鼠标右键结束拾取，系统即生成数控程序。该程序生成在"记事本"文件上，如图 8-51 所示。拾取时可使

图 8-50 后处理

用系统提供的拾取工具，可以同时拾取多个加工轨迹，被拾取轨迹的代码将生成在一个文件当中，生成的先后顺序与拾取的先后顺序相同。

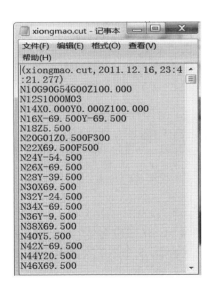

图 8-51 生成 G 代码

8. 生成工艺清单

（1）选择"加工"—"工艺清单"命令，弹出"工艺清单"对话框。填写加工零件名称，单击"拾取轨迹"按钮，返回工作界面，按顺序依次拾取粗、精加工轨迹后，单击鼠标右键，返回"工艺清单"对话框，如图 8-52 所示。

（2）在"工艺清单"对话框中单击"生成清单"按钮，弹出"CAXA 工艺清单"

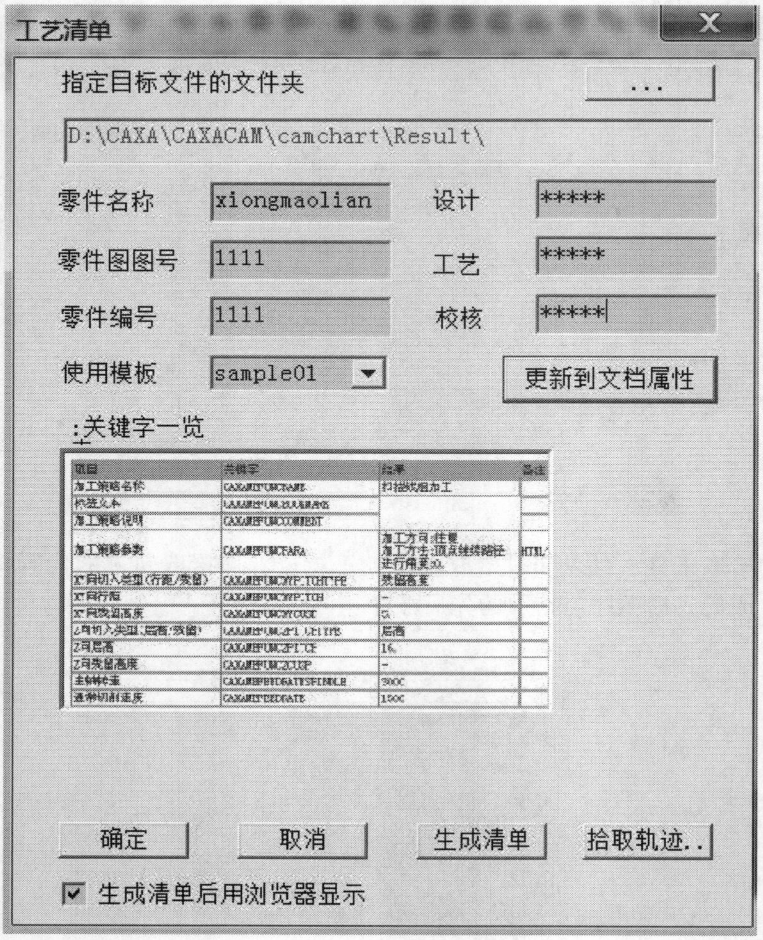

工艺清单

指定目标文件的文件夹　　　　　　…

D:\CAXA\CAXACAM\camchart\Result\

零件名称	xiongmaolian	设计	*****
零件图图号	1111	工艺	*****
零件编号	1111	校核	*****

使用模板　　sample01　　　　　　更新到文档属性

关键字一览

项目	关键字	结果	备注
加工策略名称	CAXAMILFUNCNAME	扫描线粗加工	
标签文本	CAXAMILFUNCLABELTEXT		
加工策略说明	CAXAMILFUNCCOMMENT		
加工策略参数	CAXAMILFUNCPARA	加工方向:往复 加工方法:顶点连续路径进行加工…	HTML
X向切入类型(行距/残留)	CAXAMILFUNCXPFTGHTFE	禁留高度	
X向行距	CAXAMILFUNCXPFTCH		
X向残留高度	CAXAMILFUNCXCODE	5%	
Z向切入类型(层高/残留)	CAXAMILFUNCZFTLYERFE	层高	
Z向层高	CAXAMILFUNCZPTCH	16%	
Z向残留高度	CAXAMILFUNCZCUUP	—	
主轴转速	CAXAMILFTDGATESPINDLE	3000	
进给切削速度	CAXAMILFTDEDGATE	1500	

确定　　　取消　　　生成清单　　　拾取轨迹..

☑ 生成清单后用浏览器显示

图 8-52　生成工艺清单

界面。

（3）工艺清单共有 general（NC 数据检查表）、function（功能参数）、tool（刀具）、path（刀具路径）、ncdata（NC 数据）5 个 NC 数据检查表文件。

 **项目小结**

　　本项目通过熊猫脸零件的二维图纸的分析，使用 CAXA 制造工程师完成零件的三维建模及自动编程。在学习过程中要注意：在自动编程中，根据加工工艺流程对不同特征区域采用不同的加工策略进行编程，切不可简单地采用一种直接实现所有不同曲面的加工，这样往往达不到预期的效果。

完成如图 8-53 所示的形状的零件的三维建模和自动编程。

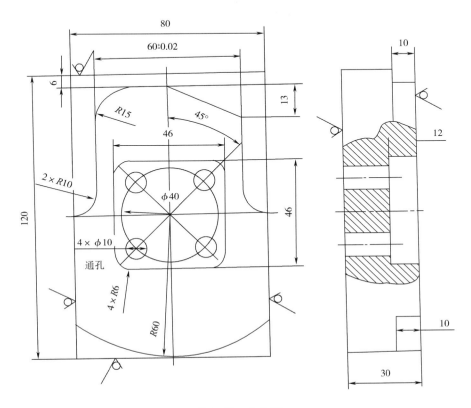

图 8-53　零件图

项目九 自动编程——Master CAM

学习目标

1. 了解 Master CAM 数控加工的基本原理和思路
2. 熟悉 Master CAM 数控加工的一般流程
3. 掌握工件、材料和刀具参数的设置方法

项目导读

完成如图 9-1 所示形状的零件的三维建模和自动编程。

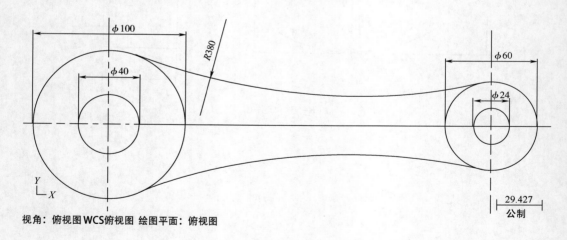

视角：俯视图WCS俯视图 绘图平面：俯视图

图 9-1 连杆

相关知识

一、Master CAM 简介

Master CAM 是由美国 CNC Software 公司开发的基于 PC 平台的 CAD/CAM 软件。它集二维绘图、三维实体造型、曲面设计、体素拼合、数控编程、刀具路径模拟及真实感模

拟等功能于一体，具有直观的几何造型。Master CAM 提供了设计零件外形所需的理想环境，具有强大、稳定的造型功能，可设计出复杂的曲线、曲面零件。Master CAM 9.0 以上版本支持中文环境，且价位适中，是广大中小企业的理想选择。Master CAM 是经济有效且全方位的软件系统，也是工业界及学校广泛采用的 CAD/CAM 系统。

Master CAM 的功能强大，与其他 CAD/CAM 软件相比，Master CAM 的优势是在数控加工方面，其具有强大的曲面粗加工和灵活的曲面精加工功能。Master CAM 的可靠刀具路径效验功能可模拟零件加工的整个过程，模拟中不仅能显示刀具和夹具，还能检查出刀具和夹具与被加工零件的干涉、碰撞情况，能够真实反映加工过程中的实际情况，简单易用，生成的 NC 程序简单高效。

Master CAM 自问世以来版本不断升级，软件功能日益完善，因而得到了越来越多用户的好评。目前，Master CAM 以其较高的性价比、常规的硬件要求、灵活的操纵方式、稳定的运行效果及易学易用等特点成为国内外制造业应用广泛的 CAD/CAM 集成软件之一。为适应广大用户的习惯，CNC Software 公司又在中国隆重推出 Master CAM X 版。Master CAM X 版是 CNC Software 公司经过多年精心打造隆重推出的版本，其 Windows 风格界面受到广大用户的普遍好评。

二、Master CAM 的模块

Master CAM 为用户提供了相当多的模块，如铣削、车削、实体造型、线切割、雕刻等，用户可以根据设计及加工需要自行选取相应的模块。按照 CAD 和 CAM 功能，可将这些模块划分为 design（CAD 设计）模块和 mill（铣削加工）、lathe（车削加工）和 router（线切割加工或雕刻加工）模块两部分。为避免 design、mill、lathe 和 router 模块分散界面的缺点，故将这四个模块集成到一个平台上，以便用户操作。

1. design 模块

design 模块主要包括二维和三维几何设计功能。Master CAM X 以前的版本界面与常用绘图软件不同，初学时较难掌握。Master CAM X 及其后面的版本界面有很大变化，采用通用的 Windows 风格界面，方便初学者的学习。

与其他 CAD 软件相比较，Master CAM 可方便设计出复杂的曲线和曲面零件，并可设计出复杂的二维、三维空间曲线，还能生成方程曲线。

Master CAM 还能方便地接收 AutoCAD 的".dxf"和".dwg"文件，另外，它与 SolidWorks 三维参数化实体造型软件也有专用的数据接口。

2. mill、lathe 和 router 模块

CAM 模块主要包括 mill、lathe、router 三个功能模块。另外，Master CAM X 版本以前的 wire（线切割）模块在 Master CAM X 中被更名为 router 模块，其中 mill 模块使用最多。

CAM 模块主要是对造型对象编制刀具路线，通过后处理转换成 NC 程序。

三、数控加工自动编程的一般流程

Master CAM 软件加工的一般流程为：用 CAD 模块设计产品的 3D 模型；用 CAM 模块

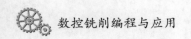

产生 NCI 文件；通过 POST 后处理生成数控加工设备的可执行代码，即 NC 文件。

数控编程的基本过程及内容如图 9-2 所示。

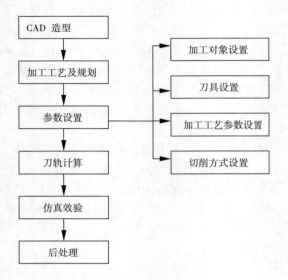

图 9-2　自动编程流程图

 项目实施

一、绘制连杆的几何图形

（1）启动 Master CAM，单击工具栏中的"新建文件"按钮 ，按"F9"键调出坐标系。

（2）单击工具栏中的"T 俯视图（WCS）"按钮 ，将构图平面设置为俯视图。

（3）在状态栏中设置线条属性为 —·—· ▾ ——— ▾ WCS 群组 ，颜色为红色。单击工具栏中的"绘制任意线"按钮 ，选择坐标原点作为直线起点，选择"水平"直线模式 ，输入"长度"为"250"；过原点绘制垂直线，选择"垂直"直线模式 ，输入"长度"为"65"。单击工具栏中的"单体补正"按钮 ，在弹出的"补正"对话框中输入偏置距离为"250"，确定后在绘图区单击要进行偏置的直线，生成所需直线。再单击工具栏中的"T 修剪/打断/延伸"按钮 ，输入延伸长度为"65"，单击垂直线尾端，绘制图形如图 9-3 所示。

（4）单击工具栏中的"圆心+点"按钮 ，输入"直径"为"100"，单击中心线交点作为圆心，生成所需的圆。进行同样操作，输入"直径"分别为"40""24""60"，得到所需四个整圆。再单击"切弧"按钮 进行绘制，选择"切二物体" ，输入"半径"为"380"，在绘图区选择图素，生成图形如图 9-4 所示。

图 9-3 构造线的绘制

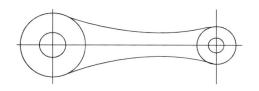

图 9-4 连杆

二、仿真加工

（1）选择机床。执行"机床类型"→"铣床"→"默认"命令，如图 9-5 所示。

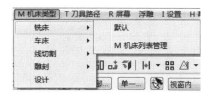

图 9-5 机床的选择

（2）设置工件毛坯。单击操作管理器"刀具路径"选项卡中的"材料设置"选项，如图 9-6 所示，弹出"机器群组属性"对话框，在"显示"选项区中勾选"实体"单选按钮，单击 所有图素 按钮，手动输入厚度为"30"，具体设置如图 9-7 所示。单击"确定"按钮，生成毛坯如图 9-8 所示。

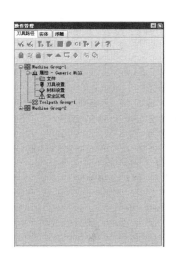

图 9-6 操作管理器

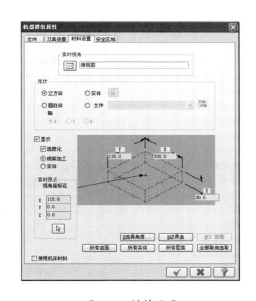

图 9-7 材料设置

（3）平面铣刀具路径。

①加工对象选择。为了方便进行平面铣图素的选择，绘制一个和毛坯尺寸相同的长 330，宽为 130 的矩形。执行"刀具路径"→"平面铣"命令，如图 9-9 所示，在弹出的"输入新 NC 名称"对话框

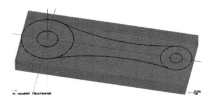

图 9-8 生成毛坯

中输入文件名，单击"确定"按钮 ☑ 后，弹出"串连选项"对话框。打开图素选择对话框，用"串连"选项 ⊙⊙ 选择矩形为加工对象，如图 9-10 所示，弹出"2D 刀具路径-平面加工"对话框。

图 9-9　刀具路径——平面铣

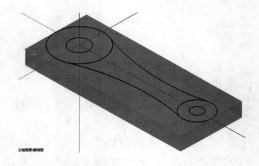

图 9-10　加工对象的选择

②刀具设置。在"2D 刀具路径-平面加工"对话框中单击"刀具"选项，在显示刀具的空白处右击，在弹出的快捷菜单中选择"创建新刀具"命令，如图 9-11 所示，弹出"定义刀具-Machine Group-1"对话框，选择"面铣刀"，如图 9-12 所示。此时自动切换到"面铣刀"选项卡，具体设置如图 9-13 所示。设置完成后，如果以后还要调用这把刀具，就单击 S保存至刀库 按钮，将此刀具存入刀具库。另外，还应该根据具体情况输入进给率、下刀速率、提刀速率等参数。作为初学者，可单击 A计算转速/进给 按钮，让系统自动计算得到所需参数，如图 9-14 所示。

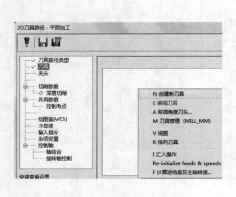

图 9-11　创建新刀具

图 9-12　刀具类型

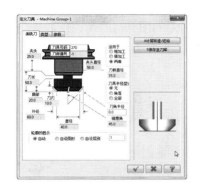

图 9-13 刀具参数设置

图 9-14 参数计算

③切削参数设置。在"2D 刀具路径-平面加工"对话框中单击"切削参数"选项，设置"类型"为"双向"，并勾选"顺铣"单选按钮，如图 9-15 所示。

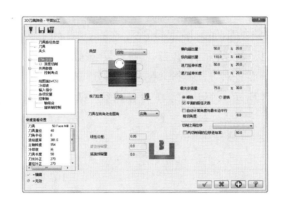

图 9-15 切削参数设置

④共同参数设置。在"2D 刀具路径-平面加工"对话框中单击"共同参数"选项，设置"深度"为"-2"，如图 9-16 所示，单击"确定"按钮✅完成设置。

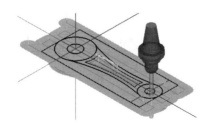

图 9-16 共同参数设置

⑤生成刀具路径。平面铣相关参数设置完成后，单击操作管理器中的"模拟已选择

的操作"按钮 ≋ ，生成的刀具路径如图 9-17 所示。模拟操作符合工件要求，单击"验证已选择的操作"按钮 🔩 进行模拟加工，生成结果如图 9-18 所示。

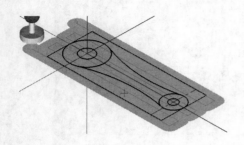

图 9-17　刀具路径模拟

图 9-18　平面铣仿真结果

（4）挖槽加工刀具路径。

①加工对象选择。先要进行挖槽的加工对象的绘制，再单击"串连补正"按钮 🔧 ，用"串连"选项选择进行补正的对象，如图 9-19 所示。需要注意的是，单击红色箭头方向，红色箭头是选择对象的尾部。确定补正对象后，弹出"串连补正"对话框，输入补正距离为"10"，如图 9-20 所示，单击"确定"按钮 ✅ ，生成图形如图 9-21 所示。执行"刀具路径"→"标准挖槽"命令，弹出"串连选项"对话框，用"串连"选项 🔘 选择图素，如图 9-22 所示，弹出"2D 刀具路径-标准挖槽"对话框。

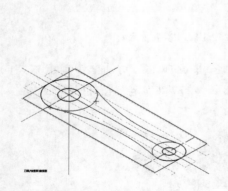

图 9-19　补正图素选择

图 9-20　补正参数设置

②刀具设置。在"2D 刀具路径-标准挖槽"对话框中单击"刀具"选项，再单击 选择库中的刀具 按钮，在刀具库中选择直径为 8mm、刀具角度为 1mm 的圆鼻刀并双击，其即出现在"刀具号码"选项区，再双击，弹出"定义刀具-Machine Group-1"对话框，如图 9-23 所示。单击 A计算转速/进给 按钮，由系统自动计算刀具的加工参数，如图 9-24 所示。

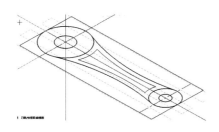

图 9-21 补正生成图形

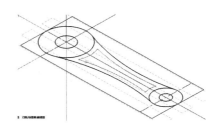

图 9-22 图素选择

图 9-23 刀具设置

图 9-24 加工参数设置

③切削参数设置。在"2D 刀具路径-标准挖槽"对话框中单击"切削参数"选项，具体设置如图 9-25 所示。单击左侧"切削参数"下的"粗加工"选项，选择"平行环切清角"的切削方式，如图 9-26 所示；单击左侧"切削参数"下的"精加工"选项进行壁边加工的设置，具体设置如图 9-27 所示。

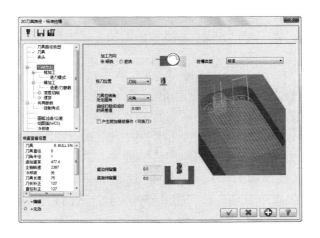

图 9-25 切削参数设置

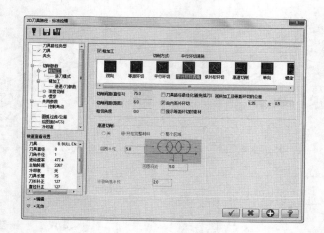

图 9-26 粗加工设置

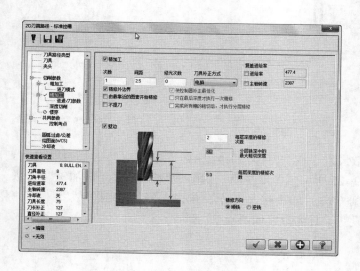

图 9-27 精加工设置

④共同参数设置。在"2D 刀具路径-标准挖槽"对话框中单击"共同参数"选项，由于前面进行了平面铣削，铣去了 2mm 深度，所以此处进行挖槽深度设置时要将这 2mm 深度包括在内，故设置"深度"为"-8"，如图 9-28 所示。由于挖槽深度较大，为了保证挖槽质量，可进行分层挖槽。单击"切削参数"下的"深度切削"进行设置，选中"深度切削"复选框，设置"最大粗切步进量"为"4"，如图 9-29 所示。

⑤生成刀具路径。挖槽加工相关参数设置完成后，单击操作管理器中的"模拟已选择的操作"按钮█，生成的刀具路径如图 9-30 所示。若模拟操作符合工件要求，单击"验证已选择的操作"按钮█进行模拟加工，生成结果如图 9-31 所示。

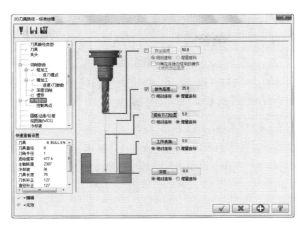

图 9-28　共同参数设置

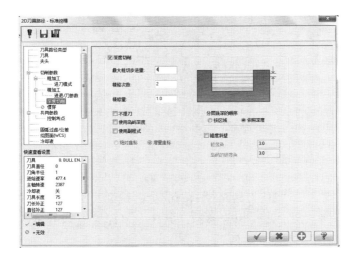

图 9-29　深度切削设置

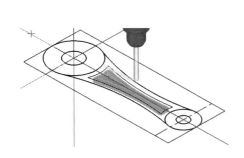

图 9-30　刀具路径模拟

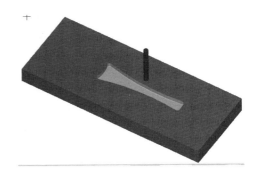

图 9-31　挖槽加工仿真结果

（5）钻孔加工刀具路径。

①加工对象选择。执行"刀具路径"→"钻孔"命令，弹出图 9-32 所示的"选取钻孔的点"对话框，单击"在屏幕上选取钻孔点的位置"按钮 ▌▌。选择 ϕ40mm 圆的圆心作为孔的中心，弹出"2D 刀具路径-钻孔/全圆铣削　深孔钻-无啄孔"对话框。

②刀具设置。在"2D 刀具路径-钻孔/全圆铣削　深孔钻-无啄孔"对话框中单击"刀具"选项，再单击 选择库中的刀具 按钮在系统打开的钻孔加工参数对话框的刀具参数选项卡中，选择 ϕ40mm 钻头，在"刀具号项"选项区双击该刀具，具体参数如图 9-33 所示，单击 A计算转速/进给 按钮，由系统自动计算刀具的加工参数。钻头为定尺寸刀具，不需要设置半径补偿。

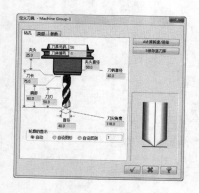

图 9-32　选择钻孔操作

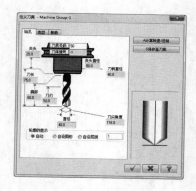

图 9-33　钻孔刀具设置

③加工参数设置。在"2D 刀具路径-钻孔/全圆铣削　深孔钻-无啄孔"对话框中单击"共同参数"选项，设置钻孔相关参数，其中，"深度"设置为"-45"，单击"确定"按钮✓完成设置，如图 9-34 所示。

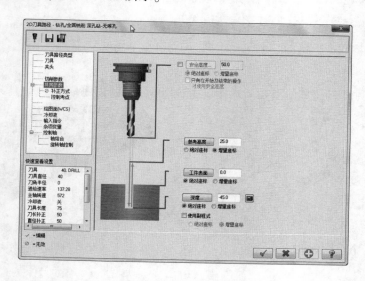

图 9-34　共同参数设置

④生成加工路径。对于 $\phi24$mm 的孔，根据上述步骤进行相关设置，刀具选择 $\phi24$mm 的钻头，其他参数同 $\phi40$mm 孔的设置。钻孔加工相关参数设置完成后，按"Shift"键选择两个钻孔操作，如图 9-35 所示。单击操作管理器中的"模拟已选择的操作"按钮，生成刀具路径如图 9-36 所示。模拟操作符合工件要求，单击"验证已选择的操作"按钮进行模拟加工，生成结果如图 9-37 所示。

图 9-35 刀具路径模拟

（6）外形铣削加工刀具路径。

①加工对象选择。执行"刀具路径"→"外形铣削"命令，弹出"串连选项"对话框，用"串连"选项选择图素，如图 9-38 所示，弹出"2D 刀具路径-外形参数"对话框。与其他加工不同，外形铣削在进行图素选择时，要注意箭头方向，因为箭头方向涉及刀具路径设计的相关问题。

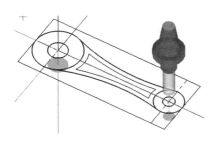

图 9-36 刀具路径模拟

图 9-37 钻孔加工仿真结果

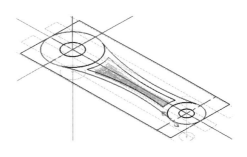

图 9-38 外形铣削对象选择

②刀具设置。在"2D 刀具路径-外形参数"对话框中单击"刀具"选项，从刀库中选择 $\phi10$mm 的圆鼻刀及其他参数，单击 A计算转速/进给 按钮由系统自动计算刀具的加工参数，如图 9-39 所示。

③切削参数设置。在"2D 刀具路径-外形参数"对话框中单击"切削参数"选项，如图 9-40 所示。根据箭头方向设置"补正方向"为"右"，"校刀位置"为"刀尖"。

④共同参数设置。在"2D 刀具路径-外形参数"对话框中单击"共同参数"选项，设置"深度"为"-35"（毛坯厚度设置为 30mm），如图 9-41 所示。由于铣削深度较大，一次加工难获得好的加工效果，所以需要分层加工。单击"切削参数"下的"分层切削"选项，设置粗加工"间距"为"5"，单击"确定"按钮完成设置，如图 9-42 所示。

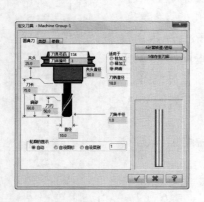

图 9-39　刀具参数设置

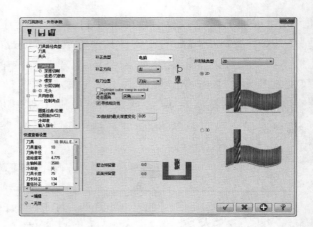

图 9-40　外形铣削参数设置

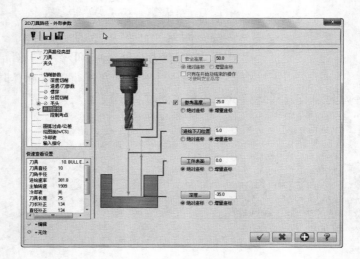

图 9-41　铣削深度设置

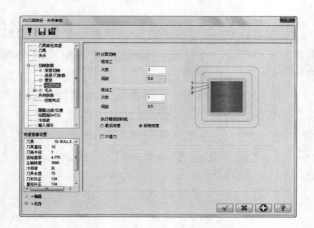

图 9-42　分层铣削参数设置

⑤生成加工路径。外形铣削加工相关参数设置完成后，单击操作管理器的"模拟已选择的操作"按钮 ，生成的刀具路径如图 9-43 所示。若模拟操作符合工件要求，单击"验证已选择的操作"按钮 进行模拟加工，生成结果如图 9-44 所示。

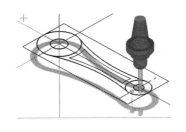

图 9-43　刀具路径模拟

图 9-44　外形铣削加工仿真结果

三、实体加工模拟

（1）转换视图。单击工具栏中的"I 等视图（WCS）"按钮 。

（2）选择和刷新轨迹。在操作管理器"刀具路径"选项卡中单击操作时，只有一个操作会被选中。如果想要选择所有操作，单击管理器中"选择所有的操作"按钮 。被选中的操作会在相应位置出现一个标记，如图 9-45 所示。

（3）模拟刀具路径。单击操作管理器中的"模拟已选择的操作"按钮 ，弹出"刀路模拟"对话框，可以对选中的操作进行模拟，刀具路径如图 9-46 所示。

（4）模拟实体加工。单击操作管理器中的"验证已选择的操作"按钮 ，弹出"验证"对话框，模拟效果如图 9-47 所示。

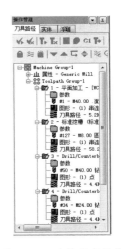

图 9-45　选择所有操作

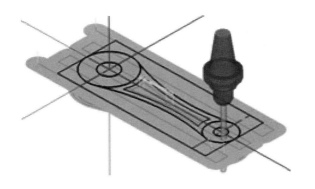

图 9-46　刀具路径模拟

图 9-47　仿真加工结果

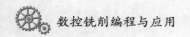

四、后处理

单击操作管理器中的"后处理已选择的操作"按钮 **G1**，弹出如图 9-48 所示的"后处理程式"对话框。选中"NC 文件"复选框，单击"确定"按钮 **✓**，弹出"另存为"对话框，输入文件名和保存位置，如图 9-49 所示。生成 NC 文件，如图 9-50 所示。

图 9-48 "后处理程式"对话框　　　　　　图 9-49 "另存为"对话框

图 9-50 NC 代码

 项目小结

本项目主要介绍了 Master CAM 软件的功能特点，通过一个项目实例系统地介绍了从模型设计到数控加工的整个流程。

拓展练习

完成如图 9-51 所示零件的三维建模和自动编程。

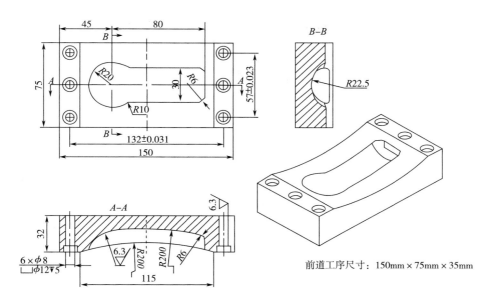

前道工序尺寸：150mm × 75mm × 35mm

图 9-51　零件图

参考文献

[1] 赵长明. 数控加工工艺及设备 [M]. 北京：高等教育出版社，2015.

[2] 鞠鲁粤. 机械制造基础 [M]. 上海：上海交通大学出版社，2014.

[3] 卢万强，饶晓创. 数控加工技术基础 [M]. 北京：机械工业出版社，2014.

[4] 陈炳光. 模具数控加工及编程技术 [M]. 北京：化学工业出版社，2012.

[5] 关雄飞. 数控加工工艺与编程 [M]. 北京：机械工业出版社，2012.

[6] 张德红. 数控机床编程与操作 [M]. 北京：机械工业出版社，2018.

[7] 肖善华，廖璘志. 机械加工工艺设计 [M]. 北京：机械工业出版社，2018.

[8] 叶俊. 数控切削加工 [M]. 北京：机械工业出版社，2011.

[9] 袁永富. 模具数控加工技术 [M]. 北京：科学出版社，2014.

[10] 沈建峰. 数控铣工/加工中心操作工（高级）[M]. 北京：机械工业出版社，2009.